LA

MÉCANIQUE NOUVELLE

PARIS. — IMPRIMERIE GAUTHIER-VILLARS ET Cie,

69655 Quai des Grands-Augustins, 55.

HENRI POINCARÉ

LA

MÉCANIQUE NOUVELLE

CONFÉRENCE, MÉMOIRE ET NOTE

SUR LA

THÉORIE DE LA RELATIVITÉ

INTRODUCTION DE M. ÉDOUARD GUILLAUME

PARIS
GAUTHIER-VILLARS ET Cie, ÉDITEURS
LIBRAIRES DU BUREAU DES LONGITUDES, DE L'ÉCOLE POLYTECHNIQUE
Quai des Grands-Augustins, 55.

INTRODUCTION.

Les années 1904 et 1905 occupent une place privilégiée dans les annales de la Physique mathématique, plus spécialement de l'Optique des corps en mouvement.

Rappelons quelques dates.

C'est en 1727 que Bradley découvrit l'aberration des étoiles, due au mouvement de la Terre par rapport à la source lumineuse; en 1818 que Fresnel formula l'entraînement partiel des ondes lumineuses par la matière transparente en mouvement; en 1842 que Doppler prédit l'influence du mouvement de la source ou de l'observateur sur la couleur de la lumière perçue et en 1848 que Fizeau en découvrit la mesure à l'aide des raies spectrales; en 1881 que Michelson exécuta la première des expériences qui, contrairement à l'attente, ne devaient pas mettre en évidence la translation de la Terre à travers l'éther.

Ces différentes observations, qui s'échelonnent sur un siècle et demi, semblaient inconciliables; elles résistèrent jusqu'à nos jours aux efforts qui tentaient de les grouper en une théorie.

Cependant, grâce aux travaux de Larmor et surtout aux admirables recherches de H.-A. Lorentz, peu à peu une foule de relations furent découvertes. Lorentz comprit le premier que ces relations nouvelles n'étaient pas indépendantes, mais qu'elles découlaient toutes d'un « être mathématique » nouveau, que Poincaré, en 1905, nommera *transformation de Lorentz* en l'honneur de l'illustre physicien hollandais.

C'est en 1904 que Lorentz fit paraître son Mémoire fondamental intitulé : *Electromagnetic phenomena in a system moving with any velocity smaller than that of light* (*Amsterdam Proceedings*, 27 mai 1904), et dans lequel il faisait connaître sa célèbre formule.

Un an plus tard, le 30 juin 1905, Einstein faisait parvenir à la rédaction des *Annalen der Physik* un Mémoire qui devait avoir un retentissement peut-être unique dans l'histoire des Sciences. L'étude de l'Électrodynamique, telle qu'elle résultait des travaux de Maxwell et de Lorentz, avait conduit Einstein à une constatation très importante : il avait remarqué que la vitesse de la lumière jouait un rôle particulier, et que, dans la propagation relativement à des systèmes de référence en mouvement uniforme, tout se passait comme si cette vitesse avait constamment et partout une grandeur invariable; en compensation, il était commode d'introduire des variables auxiliaires de nature temporelle, que Lorentz avait désignées sous le nom de « temps locaux ». Einstein eut alors l'idée d'élever la constance de la vitesse de la lumière au rang d'un principe. Il posa la question d'une façon qu'on pourrait résumer ainsi : Considérons deux systèmes de référence trirectangles S et S', animés l'un par rapport à l'autre d'une translation uniforme de vitesse v suivant les axes Ox et $O'x'$ supposés coïncidents. Imaginons qu'on ait réparti des horloges le long de ces axes. Admettons : 1° le principe de la relativité des mouvements, qui exige la parfaite réciprocité des relations entre les deux systèmes; 2° le principe de la constance absolue de la vitesse de la lumière. Dans ces conditions, est-il possible de procéder aux réglages des horloges de façon que la vitesse d'un *même* rayon lumineux traversant les deux systèmes soit exprimée par un *même* nombre pour l'un et l'autre systèmes ? Effectivement, c'est possible, et c'est ce que montra Einstein. Il fit voir que ces deux conditions suffisent pour établir immédiatement une formule remarquable, et l'on put constater après coup que cette formule était identique à la transformation de Lorentz, dont Einstein n'avait pas encore eu connaissance. On voit que le célèbre physicien parvenait à cette transformation en inversant l'ordre de nos notions fondamentales. Alors que jusqu'ici on considérait le temps comme une notion primitive et la vitesse comme une notion dérivée, Einstein retournait l'ordre et élevait la vitesse de la lumière au rang d'un absolu, auquel le temps, indiqué par nos horloges, devait se soumettre : le temps se subordonnait à une vitesse, laquelle exige un repérage spatial; il devenait ainsi « relatif » au système de référence de l'observateur. Avec son point de vue, Einstein voulait supprimer la distinction entre le temps proprement dit et les « temps locaux » qu'avait introduits Lorentz; il n'existerait plus que le « temps », qui deviendrait une entité à déterminations multiples : chaque système de référence S_i aurait son temps à lui, qu'on représenterait par une variable temporelle spéciale t_i. Ce point de vue devait conduire Einstein à déduire de la transformation de Lorentz une formule d'importance également fondamentale : la célèbre *règle d'addition des vitesses*, par laquelle la Théorie prenait le caractère d'une *cinématique* nouvelle. Cette règle se montre d'une grande fécondité et contient un résultat essentiel : le coefficient d'entraînement partiel de Fresnel. Nous y reviendrons tout à l'heure.

Un mois ne s'était pas écoulé depuis l'envoi du Mémoire d'Einstein aux *Annalen der Physik* que Henri Poincaré faisait parvenir (23 juillet) au Cercle mathématique de Palerme une étude d'une richesse rare. Reprenant l'exposé de Lorentz, il en confirme les résultats principaux et montre les conséquences très importantes que comporte la nouvelle transformation. Tout d'abord, l'illustre géomètre en déduit la règle d'addition des vitesses, partageant ainsi avec Einstein la gloire de la découverte de cette célèbre formule. En outre, il montre que l'ensemble des transformations de Lorentz forme un *groupe*, et que cette propriété est nécessaire si l'on veut écarter la possibilité du mouvement absolu, c'est-à-dire sauvegarder le principe de la relativité des mouvements uniformes. Il parvint à rattacher de la sorte les transformations de Lorentz à la Théorie des Invariants, et eut le premier l'idée de représenter les coordonnées horaires à l'aide d'une quatrième dimension imaginaire de l'espace. En un mot, Poincaré fut un génial précurseur, et son Mémoire contient les principes fondamentaux sur lesquels, trois ans plus tard (1908), Minkowski édifiera son fameux « Espace-Temps » à quatre dimensions.

Fait incroyable, le Mémoire de Poincaré est à peu près inconnu et n'est presque jamais cité (1). Il est introuvable en librairie. C'est là une

(1) Toutefois dans leurs excellents articles de l'*Encyklopädie der Mathematischen Wissenschaften*, M. Pauli et M. Kottler citent Poincaré comme il convient.

lacune regrettable, qu'il était urgent de combler. On saura gré à la Maison Gauthier-Villars d'en donner ici une belle réimpression, très heureusement complétée par une conférence que Poincaré fit sur le même sujet à l'Association française pour l'Avancement des Sciences, au Congrès de Lille, en 1909. On y a joint une Note aux *Comptes rendus* (t. 140, 1905, p. 1504) sur la Dynamique de l'électron.

Nous exprimons notre reconnaissance au Cercle mathématique de Palerme, qui a bien voulu autoriser la réimpression du Mémoire de Poincaré.

Les travaux de Poincaré sur la Mécanique nouvelle sont de la plus haute importance. L'illustre mathématicien, en effet, parvient à des résultats *analytiques* identiques à ceux qu'adopte l'École relativiste; et cependant, il n'y est pas conduit par les considérations sur la relativité du temps et de l'espace, que cette École pose comme base. Pour lui, la question apparaît clairement : toutes les particularités de la Théorie proviennent de l'emploi d'un procédé spécial de mensuration.

« Comment faisons-nous nos mesures ? remarque-t-il. En transportant les uns sur les autres les objets regardés comme des solides invariables, répondra-t-on d'abord; mais cela n'est plus vrai dans la théorie actuelle, si l'on admet la contraction lorentzienne. Dans cette théorie deux longueurs égales, ce sont, par définition, deux longueurs que la lumière met le même temps à parcourir. » C'est donc bien une question de relativité, mais de relativité entre l'objet à mesurer et l'étalon de mesure; Poincaré l'exprime encore très clairement dans *Science et Méthode :* Il ne peut jamais s'agir de « grandeurs absolues, mais de la mesure de cette grandeur par le moyen d'un instrument quelconque, écrit-il; cet instrument peut être un mètre ou le chemin parcouru par la lumière; c'est seulement le rapport de la grandeur à l'instrument que nous mesurons; et si ce rapport est altéré, nous

M. Kottler (Vienne) remarque très justement : « Diese Arbeit *Poincaré*'s stammt vom 23. Juli 1905 und ist die Ausarbeitung einer Note gleichen Titels aus den Paris, *C. R.*, 140 (5 juni 1905), p. 1504-8. Hier wurde zum erstenmal, *vor Einstein*, das « Postulat » der Relativität ausgesprochen » (*cf.* p. 77 et suiv.).

n'avons aucun moyen de savoir si c'est la grandeur ou bien l'instrument qui a varié ». Un triangle, par exemple, n'est en soi ni euclidien ni non euclidien. Ce qui est euclidien ou non euclidien, ce sera la relation entre le triangle et les corps de comparaison (instruments) choisis pour en déterminer les éléments (côtés et angles). Il convient de bien saisir le sens de cette relativité, à laquelle Poincaré attache la plus grande importance. Il suppose même qu'il suffirait de ne plus mesurer les longueurs par le temps que la lumière met à les parcourir pour bouleverser complètement la Théorie de la Relativité.

En 1904 déjà, dans sa Conférence sur l'état actuel et l'avenir de la Physique mathématique, faite au Congrès des Arts et Sciences, à l'Exposition de Saint-Louis (cf. *Revue des Idées*, 15 novembre 1904, p. 808, et *La Valeur de la Science*, p. 202), Poincaré entrevoyait la possibilité de bouleverser la Théorie et d'éviter la contraction lorentzienne en faisant varier d'une façon correspondante la vitesse de la lumière : « Ainsi, suggère-t-il, au lieu de supposer que les corps en mouvement subissent une contraction dans le sens du mouvement et que cette contraction est la même quelle que soit la nature de ces corps et les forces auxquelles ils sont d'ailleurs soumis, ne pourrait-on pas faire une hypothèse plus simple et plus naturelle ? On pourrait imaginer, par exemple, que c'est l'éther qui se modifie quand il se trouve en mouvement relatif par rapport au milieu matériel qui le pénètre, que, quand il est ainsi modifié, il ne transmet plus les perturbations avec la même vitesse dans tous les sens. Il transmettrait plus rapidement celles qui se propageraient parallèlement au mouvement du milieu, soit dans le même sens, soit en sens contraire, et moins rapidement celles qui se propageraient perpendiculairement. Les surfaces d'onde ne seraient plus des sphères, mais des ellipsoïdes, et l'on pourrait se passer de cette extraordinaire contraction de tous les corps. » On lira plus loin dans sa Conférence (*cf.* p. 9), comment une onde sphérique produite dans l'éther prendrait, pour un observateur en mouvement, la forme d'un ellipsoïde allongé dans la direction de la translation, par suite de la contraction lorentzienne que subirait un mètre entraîné avec l'observateur.

Mais ce que nous voudrions montrer ici, c'est qu'il est possible de répondre affirmativement à la question posée par Poincaré et d'obtenir des ondes ellipsoïdales à l'aide de la transformation de Lorentz, sans faire appel à la « contraction », c'est-à-dire en faisant varier la vitesse de la lumière. Soit S le système immobile dans l'éther, S′ le système lié à l'observateur, v la vitesse relative des deux systèmes, c la vitesse de la lumière par rapport à l'éther. Adoptons (aux signes près) les notations de Poincaré et posons $\varepsilon = v : c$. La transformation de Lorentz s'écrit alors, si l'on prend $c = 1$

$$x = k(x' + \varepsilon t'), \qquad t = k(t' + \varepsilon x'), \qquad y = y', \qquad z = z'$$

avec

$$k = \frac{1}{\sqrt{1 - \varepsilon^2}}.$$

L'onde sphérique dans l'éther possède à un instant quelconque t le rayon $R = ct$, et son équation est

(I) $$x^2 + y^2 + z^2 = R^2.$$

En vertu de la transformation de Lorentz, cette équation devient pour le système en translation

(II) $$x'^2 + y'^2 + z'^2 = \left(\frac{R}{k} - \varepsilon x'\right)^2.$$

Autrement dit, l'onde apparaît bien comme un ellipsoïde allongé, ayant ε pour excentricité, et dont un foyer est occupé par la source lumineuse [1].

Nous tombons ainsi exactement sur les résultats de Poincaré, et cela sans faire appel à la « contraction » de Lorentz. Deux conditions suffisent à cet effet : 1° nous admettons la transformation de Lorentz comme donnée; 2° nous conservons au temps le caractère qu'il possède dans la Science classique, à savoir celui d'être une *variable indépendante*.

---

[1] Par source lumineuse, il convient d'entendre tout centre d'ébranlement dans l'éther, au sens de Huyghens. Ce centre n'est donc pas nécessairement matériel : ce peut être une portion très petite d'une surface d'onde quelconque.

Analytiquement, rien ne s'oppose à ce que nous considérions le système S′ comme immobile; le système S est alors animé d'une vitesse $-v$. Les équations (I) et ([II]) sont remplacées par les deux suivantes

$$x'^2 + y'^2 + z'^2 = R^2,$$
$$x^2 + y^2 + z^2 = \left(\frac{R}{k} + \varepsilon x\right)^2,$$

et l'on obtient des phénomènes parfaitement réciproques des premiers. Dès lors, il devient impossible de dire si c'est S ou S′ qui est « vraiment » *immobile* dans l'éther. Les deux systèmes apparaissent comme équivalents; une onde sphérique produite sur l'un d'eux semble ellipsoïdale à l'autre. L'éther échappe complètement et l'on conçoit que Einstein en ait proposé l'abandon (1).

Ici aussi les recherches de Poincaré sont de la plus haute valeur. Il a montré, avons-nous dit, que cette relativité provient de la propriété que possèdent les transformations de Lorentz de former un *groupe*, et cela parce qu'une certaine grandeur, qu'il désigne par l, est prise égale à l'unité. Suffirait-il d'abandonner cette condition pour construire une Optique compatible avec le mouvement absolu ? Voilà une question à éclaircir, et qui tentera, espérons-le, un lecteur du Mémoire publié ici.

Mais une question subsiste, d'une portée fondamentale pour l'intelligence des phénomènes ondulatoires. Prenons le problème à sa source.

C'est d'Alembert qui, le premier, sut poser, à propos du problème des cordes vibrantes, les équations aux dérivées partielles représentant la propagation des phénomènes vibratoires. Ces équations sont du second ordre et possèdent la forme connue

$$\Box\Phi = \Delta\Phi - \frac{1}{c^2}\frac{\partial^2\Phi}{\partial t^2} = 0,$$

(1) Ces systèmes apparaissent comme autant de milieux continus distincts, se pénétrant les uns les autres dans leurs mouvements, comme des gaz qui diffusent. Tout se passe comme si chaque système était lié à un « éther » propre, tous ces éthers étant équivalents. Une image semblable vient d'être adoptée par M. Sommerfeld (cf. *La Constitution de l'Atome et les Raies spectrales*, traduction H. Bellenot, premier fascicule, p. 320).

où Δ désigne le laplacien de la fonction Φ; le symbole $\Box$ a été appelé « d'alembertien » par Lorentz; quant à la fonction Φ, elle représente un élément caractéristique de la propagation (vecteur de Fresnel, vecteur électrique ou magnétique, etc.). Or, les transformations de Lorentz, dont la découverte devait se faire attendre un siècle et demi, expriment justement une propriété essentielle de ces équations, c'est-à-dire de la propagation des mouvements ondulatoires; elles permettent la résolution directe d'une foule de questions concernant les mouvements propagés, sans qu'il soit besoin d'intégrer les équations de d'Alembert. C'est là ce qui fait la haute importance des transformations de Lorentz; elles constituent un acquis définitif pour la science de la propagation.

Comme nous l'avons vu, Einstein et Poincaré ont déduit de ces transformations une nouvelle formule : la règle d'addition des vitesses des mouvements propagés. Ce qu'il importe de bien mettre en évidence, c'est que l'une et l'autre de ces formules conduisent, pour la propagation lumineuse, à des résultats différents, quoique en connexion intime. C'est cette sorte de dualité qui forme le plus grand obstacle à l'intelligence de la Théorie de la Relativité restreinte, et qui s'oppose à la création d'images simples pour rendre compte du mécanisme propagatoire.

Il convient d'ailleurs de remarquer que le mécanisme véritable de la propagation nous échappe même dans le cas simple où le centre d'émission est supposé immobile par rapport à l'observateur. Il est vrai que grâce au principe de Huyghens, perfectionné par Fresnel à l'aide du principe des interférences, nous pouvons nous faire une certaine image de la propagation. Mais, comme l'on sait, cette image est incomplète sur deux points essentiels : elle renseigne mal sur l'impossibilité de la propagation des ondes en arrière et sur le déphasage d'un quart de période. Seule la formulation purement mathématique de Kirchhoff, basée sur la transformation d'une intégrale de volume en une intégrale de surface, permet de calculer exactement les phénomènes, mais sans en fournir une représentation. Il existe, probablement, dans l'infiniment petit, une infinité de mécanismes interférentiels distincts qui sont compatibles avec la formulation de Kirchhoff. Dans le cas d'un centre d'émission en mouvement par rapport à l'observateur, les phénomènes seront encore plus compliqués. Il faut être heureux de ce que la transformation de Lorentz résume si simplement les mouvements d'ensemble. Pour l'instant, on doit se contenter d'enregistrer ces résultats.

La figure ci-dessous permet de saisir facilement la dualité signalée.

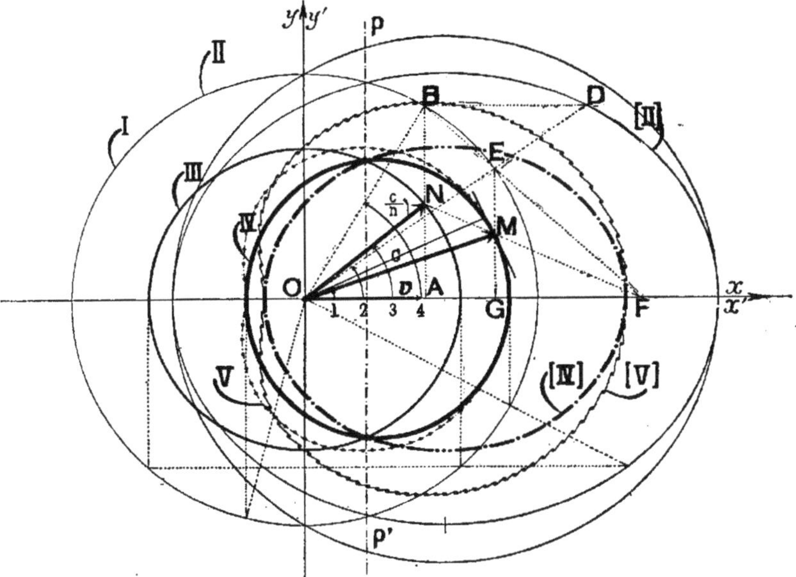

Elle constitue en même temps le graphique général de l'Optique des corps en mouvement [1]. Considérons les deux systèmes de référence S et S' introduits plus haut. Un centre d'ébranlement, situé à l'origine O de S, produit une onde sphérique [équation (I)], dont la méridienne est représentée par le cercle I sur la figure. Pour le système S', dont l'origine O' coïncide avec O au moment de l'émission. l'onde apparaît, en vertu de la transformation de Lorentz, comme

[1] En ce qui concerne les équations de ces surfaces, nous renvoyons aux notes que nous avons publiées dans les *Archives des Sciences physiques et naturelles.*

un ellipsoïde de révolution, allongé dans la direction commune Ox du mouvement. La figure en montre la méridienne [II], dont le foyer O est au centre d'ébranlement ([1]).

Appliquons maintenant la règle d'addition des vitesses. Le calcul, très simple, montre que la vitesse de propagation, qui possède uniformément la valeur $c = 1$ relativement à S (onde sphérique I), reste inaltérée pour l'observateur lié à S', de sorte que l'onde doit apparaître aussi sphérique à ce dernier; la méridienne apparente II se confond avec le cercle I. Nous avons donc deux formes possibles pour l'onde lorsqu'on la considère du système en mouvement.

La sphère ayant pour diamètre le grand axe de l'ellipsoïde jouit de propriétés importantes. Elle est la *podaire* de l'ellipsoïde, qui est ainsi l'enveloppe des plans normaux menés aux extrémités de tous les rayons de la sphère. L'ensemble de ces plans peut être considéré comme une infinité d'ondes planes qui se croisent au centre d'ébranlement à l'instant initial en formant une gerbe. L'ellipsoïde-enveloppe est alors la surface d'onde au sens de Huyghens, et la sphère constitue la « surface des vitesses normales », telle qu'on l'introduit en Optique cristalline.

Considérons maintenant le cas de la propagation lumineuse dans la matière en mouvement (expérience de Fizeau, prisme d'Arago, etc.). Soit n l'indice de réfraction. L'onde lumineuse produite sur S, supposé immobile dans le milieu, a pour méridienne, au bout de l'unité de temps, non plus le cercle I, mais le cercle III de rayon $c : n$. Pour le système S' en mouvement dans le milieu, l'onde apparaîtra :

1° Avec la transformation de Lorentz : suivant l'ellipsoïde [IV]; une surface du quatrième degré [V] en sera la podaire, qui représentera la surface des vitesses normales;

2° Avec la règle d'addition des vitesses : suivant l'ellipsoïde IV; la surface des vitesses normales est la podaire V.

On voit ainsi que nous avons surabondance de biens, et qu'il est

([1]) L'intelligence de la figure est simple si on la rapporte tout entière à l'instant même de l'émission, au moment du passage de O' en O; les diverses surfaces sont alors les lieux des extrémités des vecteurs-vitesses.

embarrassant d'assigner des rôles physiques bien définis à ces deux catégories de surfaces.

Il convient à ce propos de ne pas perdre de vue que, dans les phénomènes de propagation, deux éléments essentiels se combinent : la vitesse de propagation et la fréquence du mouvement vibratoire. Dans toutes les expériences d'optique expliquées par la Théorie de la Relativité, l'on a affaire non pas à des émissions intermittentes de signaux lumineux, mais à des *régimes* continus; et à vrai dire, on ne peut plus y parler de vitesse de propagation sans faire intervenir les changements concomitants de fréquences, qui résultent de l'effet Doppler-Fizeau. Les signaux brefs envoyés à l'intérieur des corps transparents sont formés de trains d'ondes limités, lesquels, vraisemblablement, suivent des lois bien différentes de celles qui nous occupent (¹). En confondant ces deux ordres de vitesses, on fait naître des paradoxes. On conçoit donc que si l'on envisage des trains d'ondes indéfinis, tels qu'ils se présentent dans toutes les expériences d'interférence, il pourra exister diverses manières de définir la vitesse de propagation, qui se confond ici avec celle de la phase.

Ces remarques trouvent une application simple dans le cas du vide. Un centre d'ébranlement, supposé *immobile* par rapport à S, émet une onde sphérique I relativement à ce système; par hypothèse, l'onde émise a la même couleur dans toutes les directions. Cette onde, envisagée depuis le système en mouvement S′, doit être considérée comme ayant une forme ellipsoïdale [II]; autrement dit, la vitesse de propagation dépendra de la direction du rayon choisi, et la fréquence apparente observée en dépendra dans la même mesure. La règle d'addition des vitesses nous apprend alors qu'il est possible de *réduire* toutes les vitesses à une valeur unique, de façon que l'onde apparaisse aussi sphérique à S′; en compensation, les fréquences devront être modifiées selon la direction du rayon, conformément à la formule que donne la Théorie pour l'effet Doppler-Fizeau. De la sorte, les apparences seront sauvegardées.

(¹) *Cf.* A. Sommerfeld et L. Brillouin, *Annalen der Physik*, 4e série, t. XLIV, 1914, p. 177 et 203.

L'interprétation précédente permet d'écarter ce qui semblait inconciliable entre le point de vue de Poincaré, qui admet, dans le vide, l'existence d'ondes ellipsoïdales, et celui de Einstein qui n'envisage que des ondes sphériques.

Nous ne pouvons, ici, que citer l'étude profonde que M. Bergson a consacrée à la Théorie de la Relativité. Partant de l'expérience de Michelson et Morley, M. Bergson remarque que les rayons lumineux qui sillonnent l'appareil forment, selon cette Théorie, une figure invariable (« figure de lumière »), à laquelle la figure rigide de l'appareil doit s'adapter, d'où la « contraction » des longueurs et la dislocation de la simultanéité : la figure de lumière impose ses conditions à la figure rigide, contrairement aux anciennes idées. On retrouve ainsi, sous une autre forme, la remarque fondamentale de Poincaré : dans cette Théorie, c'est le chemin parcouru par la lumière qui constitue l'instrument de mesure.

Parmi les travaux importants qui se rattachent au domaine qui nous occupe, il faut mentionner ceux de M. Le Roux (voir en particulier *Relativité restreinte et Géométrie des systèmes ondulatoires*), puis les recherches de M. Painlevé, dont la portée pour l'extension du nouvel algorithme à la Gravitation est considérable.

Édouard Guillaume.

LA

MÉCANIQUE NOUVELLE

CONFÉRENCE

DE

M. H. POINCARÉ,

MEMBRE DE L'ACADÉMIE FRANÇAISE ET DE L'ACADÉMIE DES SCIENCES.

Association française pour l'Avancement des Sciences
Congrès de Lille, 1909.

A la séance d'ouverture du Congrès, M. le professeur Landouzy, président, a remis la grande Médaille d'or de l'Association à M. Henri Poincaré, membre de l'Académie française et de l'Académie des Sciences.

Le mardi, 3 août, à $8^h 30^m$ du soir, au Grand Théâtre, M. Poincaré a fait la conférence suivante devant un auditoire d'élite, attiré par la réputation universelle de l'illustre conférencier.

Si quelque partie de la science paraissait solidement établie, c'était certainement la Mécanique newtonienne; on s'appuyait sur elle avec confiance et il ne semblait pas qu'elle pût jamais être ébranlée. Mais les théories scientifiques sont comme les empires, et si Bossuet était ici, il trouverait sans doute des accents éloquents pour en dénoncer la fragilité. Toujours est-il que la Mécanique newtonienne commence à rencontrer des sceptiques et qu'on nous annonce déjà que son temps est fini. Je voudrais vous faire connaître quelles sont les raisons de ces hérétiques et il faut vous avouer que quelques-unes d'entre elles ne sont pas sans valeur; et je voudrais vous expliquer en quoi consiste la Mécanique nouvelle qu'on se propose de mettre à la place de l'ancienne.

Le principe fondamental de la Dynamique de Newton, c'était celui qui nous enseigne que les effets d'une force sur un corps mobile sont indépendants de la vitesse antérieurement acquise par ce mobile. Un corps part du repos, une force agit sur lui pendant une seconde et lui communique une vitesse v; si l'on fait agir la même force pendant une deuxième seconde, elle communiquera au corps un nouvel accroissement de vitesse égal au premier, c'est-à-dire à v et la vitesse deviendra $2v$; si elle agit encore pendant une troisième seconde, la vitesse deviendra $3v$, et ainsi de suite. De sorte qu'en continuant l'action de cette même force pendant des temps suffisamment longs, on pourra obtenir des vitesses aussi grandes que l'on voudra.

Eh bien, c'est précisément ce principe qui est révoqué en doute. On dit maintenant que si la force agit pendant une deuxième seconde, son effet sera moindre que celui qu'elle a produit pendant la première; qu'il sera moindre encore pendant la troisième seconde, et, en général, qu'il sera d'autant plus petit que la vitesse déjà acquise par le corps sera plus grande. Et comme ces accroissements successifs de la vitesse sont de plus en plus petits, comme la vitesse augmente de plus en plus lentement, il y aura une limite qu'elle ne pourra jamais dépasser, quelque temps que l'on prolonge l'action de la force accélératrice et cette limite, c'est la vitesse de la lumière. L'inertie de la matière paraît ainsi d'autant plus grande que cette matière est animée d'un mouvement plus rapide; en d'autres termes, la masse d'un corps matériel n'est plus constante, elle augmente avec la vitesse de ce corps.

Et ce n'est pas tout; une force peut agir dans le sens de la vitesse du mobile, ou perpendiculairement à cette vitesse; dans le premier cas, elle tend à accélérer le mouvement, ou, au contraire, à le ralentir si elle est de sens contraire à ce mouvement; mais la trajectoire reste rectiligne; dans le second cas, elle tend à dévier le mobile de son chemin et, par conséquent, à courber sa trajectoire. D'après l'ancienne mécanique, l'accélération produite par une même force sur un même corps serait la même dans les deux cas. Cela ne serait plus vrai d'après les idées nouvelles qu'on cherche à faire prévaloir. Un corps mobile, par suite de son inertie, opposerait une résistance soit à la cause qui tend à accélérer son mouvement, soit à celle qui tend à en changer la direction; mais si la vitesse est grande, cette résistance ne serait pas la même dans les deux cas.

Comment peut-on le savoir? Une expérience directe est-elle possible? Il est clair que s'il y a une divergence, elle ne peut être sensible que pour des vitesses tout à fait énormes; sans quoi cette divergence aurait été remarquée depuis longtemps par les expérimentateurs. Or, sous le rapport de la vitesse, on a fait depuis quelque temps des progrès considérables. Vous croyez peut-être que je veux faire allusion aux merveilles de l'automobilisme; eh bien, pas du tout; les automobiles font quelquefois du 100 à l'heure, mais, au point de vue qui nous occupe, c'est une vraie vitesse d'escargot. Depuis longtemps, nous avons mieux que cela, nous avons les corps célestes; le plus rapide d'entre eux est Mercure, il fait aussi du 100, non pas à l'heure, mais à la seconde. Malheureusement, c'est encore insuffisant. Je ne parle pas non plus de nos pauvres boulets de canon qui ne font même pas 1^{km} par seconde.

Seulement, depuis quelque temps, nous avons une artillerie dont les projectiles sont beaucoup plus rapides. Je veux parler du radium. On a découvert que les effets étonnants de ce corps sont dus à ce qu'il émet dans tous les sens des particules extraordinairement ténues qui constituent un véritable bombardement.

Si nous comparons cette artillerie à celle des armées européennes, nous voyons que la rapidité du tir est beaucoup plus grande, ainsi que la vitesse initiale des obus; malheureusement, le calibre est beaucoup trop petit, et c'est pourquoi aucune puissance ne songe à l'adopter.

Cette vitesse initiale est le dixième ou le tiers de celle de la lumière, $30\,000^{\text{km}}$ ou $100\,000^{\text{km}}$ par seconde; elle laisse donc loin derrière elle celle des planètes les plus rapides et elle commence à être assez grande pour que les divergences entre la mécanique ancienne et la mécanique nouvelle puissent être mises en évidence.

Comment peut-on maintenant expérimenter sur des projectiles aussi rapides? Il me faut d'abord rappeler que le radium émet trois sortes de rayons appelés α, β et γ; les rayons α sont beaucoup trop lents pour notre objet; les rayons γ analogues aux rayons X ne peuvent pas non plus convenir. Il faut s'adresser aux rayons β analogues aux rayons cathodiques. Les projectiles correspondants en effet sont chargés, non pas de mélinite comme nos obus, mais d'électricité; cela est hors de doute, puisqu'en soumettant un cylindre de Faraday pendant un certain temps à ce bombardement, on constate qu'il s'électrise. Qu'en résulte-t-il? Si ces rayons traversent un champ électrique, ce champ agira sur leur charge et déviera le rayon; la trajectoire sera d'autant plus tendue que la force vive du projectile sera plus grande, c'est-à-dire, d'une part, qu'il sera plus gros, ou plutôt que son inertie sera plus grande, et, d'autre part, qu'il sera plus rapide. Elle sera, au contraire, d'autant moins tendue que la force déviante sera plus grande, c'est-à-dire que leur charge électrique sera plus grande. C'est tout à fait analogue à ce qui se passe pour notre artillerie. Supposons maintenant que nos rayons traversent un champ magnétique; on sait que le champ magnétique agit sur les courants. Or un rayon β, c'est un courant, puisque c'est un transport d'électricité. La force déviante qui sera proportionnelle à ce courant sera donc, d'une part, d'autant plus grande que la charge sera plus grande, ainsi qu'il arrivait tout à l'heure dans le cas du champ électrique; mais, de plus, elle sera d'autant plus grande que la vitesse du projectile et, par conséquent la vitesse de cette charge électrique, sera elle-même plus grande.

On conçoit donc, sans qu'il soit nécessaire de faire de calcul, que la comparaison de ces deux déviations nous fera connaître deux choses, la vitesse d'une part, et d'autre part, le rapport de l'inertie à la charge. Les expériences les plus récentes sont celles de M. Bucherer (description de l'appareil de M. Bucherer).

Quel a été le résultat de ces expériences ? Nous avons des raisons d'admettre que tous les projectiles sont identiques et ont même charge; et qu'ils ne diffèrent que par leur vitesse. Alors, si leur inertie ne dépendait pas de leur vitesse, on trouverait que le rapport de la charge à l'inertie est constant; c'est le résultat auquel conduirait l'ancienne mécanique; ce n'est pas celui auquel conduisent les expériences de MM. Kaufmann et Bucherer; il y a une relation entre la vitesse des diverses sortes de rayons β et le rapport de l'inertie à la charge et cette relation nous montre que l'inertie croît avec la vitesse, ce qui est conforme aux principes de la mécanique nouvelle.

Voilà donc une des preuves invoquées par les novateurs à l'appui de leurs idées. Il y a un autre ordre de preuves, empruntées à des considérations tout à fait différentes. Vous savez en quoi consiste le principe de relativité.

Je suppose un observateur qui se déplace vers la droite; tout se passe pour lui comme s'il était au repos, les objets qui l'entourent se déplaçant vers la gauche : aucun moyen ne permet de savoir si les objets se déplacent réellement, si l'observateur est immobile ou en mouvement. On l'enseigne dans tous les cours de mécanique, le passager sur le bateau croit voir le rivage du fleuve se déplacer, tandis qu'il est doucement entraîné par le mouvement du navire. Examinée de plus près, cette simple notion acquiert une importance capitale; on n'a aucun moyen de trancher la question, aucune expérience ne peut mettre en défaut le principe: il n'y a pas d'espace absolu, tous les déplacements que nous pouvons observer sont des déplacements relatifs. Ces considérations, bien familières aux philosophes, j'ai eu quelquefois l'occasion de les exprimer; j'en ai même recueilli une publicité dont je me serais volontiers passé; tous les journaux réactionnaires français m'ont fait démontrer que le Soleil tourne autour de la Terre; dans le fameux procès entre l'Inquisition et Galilée, Galilée aurait eu tous les torts.

Il est à peine nécessaire de dire ici que je n'ai jamais eu une telle pensée; c'est bien pour la vérité que Galilée combattait, puisque, sans lui, l'Astronomie et la Mécanique céleste n'auraient pu se développer. Mais ce n'est pas de cela qu'il s'agit pour le moment.

Revenons à l'ancienne mécanique; elle admettait le principe de relativité, et même on démontrait dans les cours les lois de cette mécanique en les déduisant de ce principe fondamental. Ces considérations suffisaient pour les phénomènes purement mécaniques, mais cela n'allait plus pour d'importantes parties de la Physique, l'Optique par exemple. On considérait comme absolue la vitesse de la lumière relativement à l'éther; cette vitesse pouvait être mesurée, on avait théoriquement le moyen de comparer le déplacement d'un mobile à un déplacement absolu, le moyen de décider si oui ou non un corps était en mouvement absolu. Vous connaissez le phénomène de l'aberration des étoiles fixes en vertu duquel les étoiles sont vues non pas dans la direction de la vitesse absolue du rayon lumineux qu'elles nous envoient, mais dans celle de la vitesse relative de ce rayon par rapport à la Terre. Je représente en OA la vitesse absolue de la lumière émanée de l'étoile; en AB la vitesse du Soleil dans l'espace, changée de sens; en BC la vitesse de la Terre par rapport au Soleil, changée de sens. Alors OC sera la vitesse relative de la lumière, et l'étoile qui devait être vue dans la direction OA, sera vue dans la direction OC. Au bout de six mois, la vitesse BC aura changé de sens et sera devenue BC′, et l'étoile sera vue dans la direction OC′; cette variation de direction de OC à OC′ nous renseigne donc sur la vitesse BC, ce qui n'a rien de contraire au principe, puisqu'il s'agit ici d'une vitesse *relative*.

Mais regardons la chose d'un peu plus près. Soient deux étoiles diamétralement opposées sur la sphère céleste, dans la direction du mouvement du Soleil dans l'espace. Les vitesses absolues des rayons lumineux partant de ces deux étoiles sont représentées par les deux droites OA et OA_1, égales et opposées. D'autre part,

$$AB = A_1B_1, \quad BC = B_1C_1 = BC' = B_1C'_1.$$

La direction apparente de l'une des étoiles varie entre OC et OC', l'autre entre OC_1 et OC'_1. Mais voyez que l'angle COC' est plus petit que l'angle $C_1OC'_1$ de sorte que l'une des étoiles exécute des oscillations apparentes de plus grande amplitude; et la comparaison de ces amplitudes devrait nous renseigner sur la vitesse AB qui est une vitesse absolue, et cela serait contraire au principe de relativité. Nous verrons bientôt comment la nouvelle mécanique se tire de cette difficulté.

Les expériences délicates, des appareils extrêmement précis, que je ne décrirai pas devant vous, ont permis d'essayer la réalisation pratique d'une pareille comparaison: le résultat a été nul. Le principe de relativité n'admet aucune restriction dans la nouvelle mécanique; il a, si j'ose ainsi dire, une valeur absolue.

Comment de pareilles expériences étaient-elles possibles ? Supposons un appareil optique quelconque; il est entraîné dans le mouvement de la Terre, qui se compose de deux parties, la vitesse de la Terre sur son orbite, qui est connue, et la vitesse absolue du Soleil dans l'espace, qui est inconnue. Au bout de 12 heures, l'appareil entraîné par la rotation de la Terre se trouve avoir changé d'orientation; et comme il n'est plus orienté de la même façon par rapport à cette translation dans laquelle il est entraîné, les phénomènes optiques dont il est le siège devraient être modifiés si cette vitesse de translation avait une influence quelconque. Or, on constate qu'ils ne sont pas modifiés, bien que les appareils soient assez sensibles pour mettre en évidence la plus légère modification.

Et le résultat est tellement général, que pour en revenir à notre figure de tout à l'heure à propos de l'aberration avec nos deux couples COC', $C_1OC'_1$, je suis absolument sûr d'avance que l'on ne trouvera aucune différence entre les amplitudes des oscillations annuelles des différentes étoiles; qu'on n'aura par conséquent aucun moyen de connaître la vitesse absolue du Soleil. Et cela, bien que les procédés astronomiques dont nous disposons actuellement ne soient pas assez précis pour qu'on puisse faire l'observation directement.

Quel rôle joue le principe de relativité dans la nouvelle mécanique ? Nous sommes d'abord amenés à parler du temps apparent, une invention fort ingénieuse du physicien Lorentz. Nous supposons deux observateurs, l'un A à Paris, l'autre B à Berlin. A et B ont des chronomètres identiques et veulent les régler; mais ce sont des observateurs méticuleux comme il n'y en a guère; ils exigent dans leur réglage une extraordinaire exactitude; ce sera, par exemple, non une seconde, mais un milliardième de seconde. Comment pourront-ils faire ? De Paris à Berlin, A envoie un signal télégraphique, avec un sans-fil, si vous voulez, pour être tout à fait moderne. B note le moment de la réception, et ce sera, pour les deux chronomètres, l'origine du temps. Mais le signal emploie un certain temps pour aller de Paris à Berlin, il ne va qu'avec la vitesse de la lumière; la montre de B serait donc en retard; B est trop intelligent pour ne point s'en rendre compte; il va remédier à cet inconvénient. La chose semble bien simple : on croise les signaux, B envoie et A reçoit, on prend la moyenne des corrections ainsi faites, on a l'heure exacte. Mais cela est-il bien certain ? Nous supposons que de A à B le signal emploie le même temps que pour aller de B à A. Or A et B sont emportés dans le mouvement de la Terre, par rapport à l'éther, véhicule des ondes électriques. Quand A a envoyé son signal, B s'éloigne; le temps employé sera plus long que si les deux observateurs étaient au repos. Si au contraire, c'est B qui envoie, A qui reçoit, le temps est plus court parce que A va au-devant des signaux; il leur est absolument impossible de savoir si leurs chronomètres marquent ou non la même heure.

Quelle que soit la méthode employée, les inconvénients restent les mêmes; l'observation d'un phénomène astronomique, une méthode optique quelconque se heurtent aux mêmes difficultés; B ne pourra jamais connaître qu'une différence apparente de temps, qu'une espèce d'heure locale. Le principe de relativité s'applique intégralement.

Dans l'ancienne mécanique, pourtant, on démontrait avec ce principe toutes les lois fondamentales. On pourrait être tenté de reprendre les raisonnements classiques et de raisonner comme il suit : soit encore deux observateurs, A et B pour les nommer comme on nomme toujours deux observateurs en mathématiques; supposons-les en mouvement, s'éloignant l'un de l'autre; aucun d'eux ne peut dépasser la vitesse de la lumière; par exemple B sera animé d'une vitesse de 200 000^{km} vers la droite, A de 200 000^{km} vers la gauche. A peut se croire au repos et la vitesse apparente de B sera, pour lui, 400 000^{km}. Ou bien, au contraire, A peut croire que B est au repos, et que c'est lui A qui se déplace avec une vitesse de 400 000^{km}. Si A connaît la mécanique nouvelle, il se dira : B a une vitesse qu'il ne peut atteindre, c'est donc que moi aussi je suis en mouvement. Ou même, sans savoir la nouvelle mécanique, il pourrait dire : mais si je m'éloignais de B avec une vitesse supérieure à celle de la lumière, les rayons émanés de B ne pourraient m'atteindre. Je ne pourrais le voir; or je le vois; donc B n'est pas en repos. Il semble donc qu'il pourrait décider de sa situation absolue. Mais il faudrait qu'il puisse observer le mouvement de B lui-même. Or comment les choses se passent-elles avec la mécanique nouvelle ?

Pour faire cette observation, A et B commencent par régler leur montre, puis B envoie à A des télégrammes pour lui indiquer ses positions successives; en les réunissant, A peut se rendre compte du mouvement de B et tracer la courbe de ce mouvement. Or les signaux se propagent avec la vitesse de la lumière; les montres qui marquent le temps apparent varient à chaque instant, et tout se passera comme si la montre de B avançait. B croira aller beaucoup moins vite et la vitesse *apparente* qu'il aura relativement à A ne dépassera pas la limite qu'elle ne doit pas atteindre. Rien ne pourra révéler à A s'il est en mouvement ou en repos absolu.

Il faut encore faire une autre hypothèse beaucoup plus surprenante, beaucoup plus difficile à admettre, qui gêne beaucoup nos habitudes actuelles. Un corps en mouvement de translation subit une déformation dans le sens même où il se déplace; une sphère, par exemple, devient comme une espèce d'ellipsoïde aplati dont le petit axe serait parallèle à la translation. Si l'on ne s'aperçoit pas tous les jours d'une transformation pareille, c'est qu'elle est d'une petitesse qui la rend presque imperceptible. La Terre, emportée dans sa révolution sur son orbite, se déforme environ de $\frac{1}{200\,000\,000}$; pour observer un pareil phénomène, il faudrait donc des instruments de mesure d'une précision extrême, mais leur précision serait infinie qu'on n'en serait pas plus avancé, car emportés eux aussi dans le mouvement, ils subiront la même déformation. On ne s'apercevra de rien; le mètre que l'on pourrait employer deviendra plus court, comme la longueur qu'on mesure. On ne peut savoir quelque chose qu'en comparant à la vitesse de la lumière la longueur de l'un de ces corps.

Ce sont là de délicates expériences, réalisées par Michelson, et dont je ne vous exposerai pas le détail; elles ont donné des résultats tout à fait remarquables; quelque étranges qu'ils nous paraissent, il faut admettre que la troisième hypothèse est parfaitement vérifiée.

Pour nous rendre compte des conséquences de cette hypothèse, imaginons un corps lumineux animé d'un mouvement de translation; les ondes successives émanées de ce corps auront une forme sphérique, les rayons de ces sphères seront d'autant plus grands que l'onde aura été émise il y a plus longtemps et qu'elle aura en conséquence parcouru plus de chemin; le centre de chaque sphère sera au point qu'occupait le corps lumineux au moment de l'émission.

Toutes ces sphères sont donc homothétiques entre elles et leur centre commun d'homothétie est la position actuelle du corps lumineux.

Supposons maintenant un observateur entraîné dans la même translation que le corps lumineux. Ce corps lumineux lui paraîtra fixe; mais ce n'est pas tout. Comme il se trouve, ainsi que nous venons de le dire, aplati dans le sens du mouvement, et qu'il en est de même de tous les objets qui l'entourent, et qui sont entraînés avec lui dans une translation commune, il n'a aucun moyen de s'apercevoir de cet aplatissement, qui est commun aux corps à mesurer et aux instruments de mesure. Si, par hasard, un objet échappait à cette déformation, c'est cet objet qui lui paraîtrait non pas aplati, mais au contraire allongé dans la direction de la translation. Or, un pareil objet existe, ce sont les surfaces d'onde qui ne sont pas déformées et qui demeurent sphériques. Ces surfaces d'onde sembleront donc à notre observateur allongées dans le sens du mouvement; elles lui paraîtront ellipsoïdales. Tous ces ellipsoïdes seront homothétiques entre eux, et le corps lumineux en occupera un foyer.

Dans ces conditions, un théorème de géométrie très simple montre que le temps *apparent* que la lumière mettra à aller de A en B, c'est-à-dire la différence entre le temps *local* en A au moment du départ de A, et le temps local en B au moment de l'arrivée en B, que ce temps apparent, dis-je, est le même que si la translation n'existait pas, ce qui est bien conforme au principe de relativité.

Et maintenant nous sommes en mesure de répondre à une question posée plus haut. Je reprends la figure que je faisais tout à l'heure à propos de l'aberration des étoiles. Nous avons vu que l'angle COC′ qui mesure l'amplitude de l'oscillation annuelle d'une étoile produite par l'aberration n'est pas égal à l'angle $C_1OC'_1$ qui mesure l'amplitude de celle de l'étoile diamétralement opposée. Nous avons dit que la comparaison de ces deux angles pourrait nous révéler la vitesse absolue du Soleil, ce qui est contraire au principe de relativité.

Puisque nous admettons maintenant ce principe, il faut bien qu'on n'ait aucun moyen de reconnaître que ces deux angles sont différents, et cela semble d'abord un peu mystérieux. Mais nos instruments de mesure, c'est-à-dire les cercles gradués dont se servent les astronomes, sont déformés par la translation du Soleil, ainsi que je l'expliquais à l'instant; naturellement cette déformation altère nos mesures; et elle les altère précisément de façon à réaliser une parfaite compensation. Telle serait, d'après les partisans de la nouvelle mécanique, l'explication de ce fait paradoxal.

Telles sont les bases de la nouvelle mécanique. A l'aide de ces hypothèses, on trouve qu'elle est compatible avec le principe de relativité.

Mais il faut la rattacher alors à une conception nouvelle de la matière.

Pour le physicien moderne, l'atome n'est plus l'élément simple; il est devenu un véritable univers dans lequel des milliers de planètes gravitent autour de soleils minuscules. Soleils et planètes sont ici des particules *électrisées* soit négativement, soit positivement; le physicien les appelle *électrons* et bâtit le monde avec elles. D'aucuns se représentent l'atome neutre comme une masse centrale positive autour de laquelle circulent un grand nombre d'électrons chargés négativement, dont la masse électrique totale est égale en grandeur à celle du noyau central.

Cette conception de la matière permet de rendre compte aisément de l'augmentation de la masse d'un corps avec sa vitesse, dont nous avons fait un des caractères de la mécanique nouvelle. Un corps quelconque n'étant qu'un assemblage d'électrons, il nous suffira de le montrer sur ces derniers. Remarquons, à cet effet, qu'un électron isolé se déplaçant à travers l'éther engendre un courant électrique, c'est-à-dire un champ électromagnétique. Ce champ correspond à une certaine quantité d'énergie, localisée, non dans l'électron mais dans l'éther. Une variation en grandeur ou en direction de la vitesse de l'électron modifie le champ et se traduit par une variation de l'énergie électromagnétique de l'éther. Alors que dans la Mécanique newtonienne la dépense d'énergie n'est due qu'à l'inertie du corps en mouvement, ici une partie de cette dépense est due à ce qu'on peut appeler « l'inertie de l'éther » relativement aux forces électromagnétiques. Cette inertie de l'éther est un phénomène bien connu ; c'est ce que les électriciens appellent la « self-induction ». Un courant dans un fil a de la peine à s'établir, de même qu'un mobile en repos a de la peine à se mettre en mouvement, c'est une véritable inertie. En revanche, un courant, une fois établi, tend à se maintenir, de même qu'un mobile une fois lancé ne s'arrête pas tout seul, et c'est pourquoi vous voyez jaillir des étincelles quand le trolley quitte un instant le fil qui amène le courant. L'inertie de l'éther augmente avec la vitesse, et sa limite devient infinie lorsque la vitesse tend vers la vitesse de la lumière. La masse apparente de l'électron augmente donc avec la vitesse ; les expériences de Kaufmann montrent que la masse réelle constante de l'électron est négligeable par rapport à la masse apparente et peut être considérée comme nulle, de sorte que si c'est la masse qui constitue la matière, on pourrait presque dire qu'il n'y a plus de matière.

Dans cette nouvelle conception, la masse constante de la matière a disparu. L'éther seul, et non plus la matière, est inerte. Seul l'éther oppose une résistance au mouvement, si bien que l'on pourrait dire : il n'y a pas de matière, il n'y a que des trous dans l'éther. Pour les mouvements stationnaires ou quasi stationnaires, la mécanique nouvelle ne diffère pas, au degré d'approximation de nos mesures près, de la mécanique newtonienne, avec cette différence toutefois que la masse dépend de la vitesse et de l'angle de cette vitesse avec la direction de la force accélératrice. Si, par contre, la vitesse a une accélération considérable, dans le cas, par exemple, d'oscillations très rapides, il y a production d'ondes hertziennes représentant une perte de l'énergie de l'électron entraînant l'amortissement de son mouvement. Ainsi, dans la télégraphie sans fil, les ondes émises sont dues aux oscillations des électrons dans la décharge oscillante. Et cela arrivera toutes les fois qu'il y aura un changement brusque de vitesse, soit en grandeur, soit en direction.

Des vibrations analogues ont lieu dans une flamme, ou encore dans un corps incandescent. Pour Lorentz, il circule à l'intérieur d'un corps incandescent un nombre considérable d'électrons qui, ne pouvant pas en sortir, volent dans tous les sens et se réfléchissent sur sa surface. On pourrait les comparer à une nuée de moucherons enfermés dans un bocal et venant frapper de leurs ailes les parois de leur prison. Plus la température est élevée, plus le mouvement de ces électrons est rapide et plus les chocs mutuels et les réflexions sur la paroi sont nombreuses. A chaque choc, à chaque réflexion, une onde électromagnétique est émise, car chacune de ces réflexions est un changement brusque de vitesse, et c'est la perception de ces ondes qui nous font paraître le corps incandescent.

Le mouvement des électrons est presque tangible dans un tube de Crookes. Il s'y produit un véritable bombardement d'électrons partant de la cathode. Ces rayons cathodiques frappent violemment l'anticathode et s'y réfléchissent en partie ou y perdent leur vitesse, donnant ainsi naissance à un ébranlement électromagnétique que plusieurs physiciens identifient avec les rayons Röntgen.

Il nous reste, en terminant, à examiner les relations de la Mécanique nouvelle avec l'Astronomie. La notion de masse constante d'un corps s'évanouissant, que deviendra la loi de Newton? Elle ne pourra subsister que pour des corps en repos. De plus, il faudra tenir compte du fait que l'attraction n'est pas instantanée.

On peut donc se demander avec raison si la Mécanique nouvelle ne va réussir qu'à compliquer l'Astronomie sans obtenir une approximation supérieure à celle que nous donne la Mécanique céleste classique. M. Lorentz a abordé la question.

Partant de la loi de Newton supposée vraie pour deux corps électrisés au repos, il calcule l'action électrodynamique des courants engendrés par ces corps en mouvement; il obtient ainsi une nouvelle loi d'attraction contenant les vitesses des deux corps comme paramètres.

La masse peut être définie de deux manières : 1° par le quotient de la force par l'accélération; c'est la véritable définition de la masse, qui mesure l'inertie du corps; 2° par l'attraction qu'exerce le corps sur un corps extérieur, en vertu de la loi de Newton. Nous devons donc distinguer la masse coefficient d'inertie et la masse coefficient d'attraction. D'après la loi de Newton, il y a proportionnalité rigoureuse entre ces deux coefficients. Mais cela n'est démontré que pour les vitesses auxquelles les principes généraux de la dynamique sont applicables. Maintenant, nous avons vu que la masse, coefficient d'inertie, croît avec la vitesse; devons-nous conclure que la masse coefficient d'attraction croît également avec la vitesse et reste proportionnelle au coefficient d'inertie, ou, au contraire, que ce coefficient d'attraction demeure constant ? C'est là une question que nous n'avons aucun moyen de décider.

D'autre part, si le coefficient d'attraction dépend de la vitesse, comme les vitesses des deux corps qui s'attirent mutuellement ne sont généralement par les mêmes, comment ce coefficient dépendra-t-il de ces deux vitesses ?

Nous ne pouvons faire à ce sujet que des hypothèses, mais nous sommes naturellement amenés à rechercher quelles seraient celles de ces hypothèses qui seraient compatibles avec le principe de la relativité. Il y en a un grand nombre; la seule dont je parlerai ici est celle de Lorentz, que je vais exposer brièvement.

Considérons d'abord les électrons en repos. Deux électrons de même signe se repoussent et deux électrons de signe contraire s'attirent; dans la théorie ordinaire, leurs actions mutuelles sont proportionnelles à leurs charges électriques; si donc nous avons quatre électrons, deux positifs A et A′, et deux négatifs B et B′, et que les charges de ces quatre électrons soient les mêmes en valeur absolue, la répulsion de A sur A′ sera, à la même distance, égale à la répulsion de B sur B′, et égale encore à l'attraction de A sur B′ ou de A′ sur B. Si donc A et B sont très près l'un de l'autre, de même que A′ et B′, et que nous examinions l'action du système A + B sur le système A′+B′, nous aurons deux répulsions et deux attractions qui se compenseront exactement et l'action résultante sera nulle.

Or les molécules matérielles doivent précisément être regardées comme des espèces de systèmes solaires où circulent les électrons, les uns positifs, les autres négatifs, *et de telle façon que la somme algébrique de toutes les charges soit nulle.* Une molécule matérielle est donc de tout point assimilable au système A + B dont nous venons de parler, de sorte que l'action électrique totale des molécules l'une sur l'autre devrait être nulle.

Mais l'expérience nous montre que ces molécules s'attirent par suite de la gravitation newtonienne; et alors on peut faire deux hypothèses : on peut supposer que la gravitation n'a aucun rapport avec les attractions électrostatiques, qu'elle est due à une cause entièrement différente, et qu'elle vient simplement s'y superposer; ou bien, on peut admettre qu'il n'y a pas de proportionnalité des attractions aux charges, et l'attraction exercée par une charge + 1 sur une charge — 1 est plus grande que la répulsion mutuelle de deux charges + 1 ou que celle de deux charges — 1.

En d'autres termes, le champ électrique produit par les électrons positifs, et celui que produisent les électrons négatifs se superposeraient en restant distincts. Les électrons positifs seraient plus sensibles au champ produit par les électrons négatifs; ce serait le contraire pour les électrons positifs. Il est clair que cette hypothèse complique un peu l'électrostatique, mais qu'elle y fait rentrer la gravitation. C'était, en somme, l'hypothèse de Franklin.

Qu'arrive-t-il, maintenant, si les électrons sont en mouvement ? Les électrons positifs vont engendrer une perturbation dans l'éther et y feront naître un champ électrique et un champ magnétique. Il en sera de même pour les électrons négatifs. Les électrons, tant positifs que négatifs, subiront ensuite une impulsion mécanique par l'action de ces différents champs. Dans la théorie ordinaire, le champ électromagnétique, dû au mouvement des électrons positifs, exerce, sur deux électrons de signe contraire et de même charge absolue, des actions égales et de signe contraire. On peut alors sans inconvénient ne pas distinguer le champ dû au mouvement des électrons positifs et le champ dû au mouvement des électrons négatifs, et ne considérer que la somme algébrique de ces deux champs, c'est-à-dire le champ résultant.

Dans la nouvelle théorie, au contraire, l'action sur les électrons positifs du champ électromagnétique dû aux électrons positifs se fait d'après les lois ordinaires; il en est de même de l'action sur les électrons négatifs du champ dû aux électrons négatifs. Considérons maintenant l'action du champ dû aux électrons positifs (ou inversement); elle suivra encore les mêmes lois, mais *avec un coefficient différent.* Chaque électron est plus sensible au champ créé par des électrons de nom contraire qu'au champ créé par des électrons de même nom.

Telle est l'hypothèse de Lorentz, qui se réduit à l'hypothèse de Franklin aux faibles vitesses; elle rendra donc compte, pour ces faibles vitesses, de la loi de Newton. De plus, comme la gravitation se ramène à des forces d'origine électrodynamique, la théorie générale de Lorentz s'y appliquera, et par conséquent le principe de la relativité ne sera pas violé.

On voit que la loi de Newton n'est plus applicable aux grandes vitesses et qu'elle doit être modifiée, pour les corps en mouvement, précisément de la même manière que les lois de l'Électrostatique pour l'électricité en mouvement.

On sait que les perturbations électromagnétiques se propagent avec la vitesse de la lumière. On sera donc tenté de rejeter la théorie précédente, en rappelant que la gravitation se propage, d'après les calculs de Laplace, au moins 10 millions de fois plus vite que la lumière, et que, par conséquent, elle ne peut être d'origine électrodynamique. Le résultat de Laplace est bien connu, mais on en ignore généralement la signification. Laplace supposait que, si la propagation de la gravitation n'est pas instantanée, sa vitesse de propagation se combine avec celle du corps attiré, comme cela se passe pour la lumière dans le phénomène de l'aberration astronomique, de telle façon que la force effective n'est pas dirigée suivant la droite qui joint les deux corps, mais fait avec cette droite un petit angle. C'est là, une hypothèse toute particulière, assez mal justifiée, et en tout cas entièrement différente de celle de Lorentz. Le résultat de Laplace ne prouve rien contre la théorie de Lorentz.

Avant d'examiner comment cette loi rend compte des phénomènes astronomiques, remarquons encore que l'accélération des corps célestes a comme conséquence un rayonnement électromagnétique, donc une dissipation de l'énergie se faisant ressentir en retour par un amortissement de leur vitesse. J'ai dit, en effet, qu'il se produisait une radiation toutes les fois qu'un électron subissait un changement brusque de vitesse. Mais ce mot *brusque* manque de précision. Si le changement est lent, si l'accélération est faible, il y aura encore une radiation, mais cette radiation sera très faible. Pour les corps célestes, l'accélération est quelque chose comme un milliard de fois plus petite qu'à l'anticathode d'un tube de Crookes par exemple; la radiation sera imperceptible, elle n'en existe pas moins et elle dissipe peu à peu la force vive de la planète. A la longue, les planètes finiront donc par tomber sur le Soleil. Mais cette perspective ne peut guère nous effrayer, la catastrophe ne pouvant arriver que dans quelques millions de milliards de siècles. Revenant maintenant à la loi d'attraction, nous voyons aisément que la différence entre les deux mécaniques sera d'autant plus grande que la vitesse des planètes sera plus grande. S'il y a une différence appréciable, ce sera donc pour Mercure qu'elle sera la plus grande, Mercure ayant, de toutes les planètes, la plus grande vitesse. Or il arrive justement que Mercure présente une anomalie non encore expliquée; le mouvement de son périhélie est plus rapide que le mouvement calculé par la théorie classique. Sa vitesse angulaire est de 38″ plus grande qu'elle ne devrait être. Le Verrier attribua cette anomalie à une planète non encore découverte, et un astronome amateur crut observer son passage au Soleil. Depuis lors, personne ne l'a vue et il est malheureusement certain que cette planète aperçue n'était qu'un oiseau.

Or, la Mécanique nouvelle rend bien compte du sens de l'erreur relative à Mercure, mais elle nous donne seulement un mouvement de 6″; elle laisse donc encore une marge de 32″ entre elle et l'observation. Elle ne suffit donc pas pour ramener la concordance dans la théorie de Mercure. Si ce résultat n'est guère décisif en faveur de la Mécanique nouvelle, il est encore moins défavorable à son acceptation, puisque le sens dans lequel elle corrige l'écart de la théorie classique est le bon. C'est d'ailleurs, entre l'ancienne et la nouvelle mécanique, la seule différence que les observations astronomiques puissent déceler. Le périhélie est le seul élément qui soit atteint. La théorie des autres planètes n'est pas sensiblement modifiée dans la nouvelle théorie et les résultats coïncident, à l'approximation des mesures près, avec ceux de la théorie classique. Il en est encore de même en ce qui concerne la théorie de la Lune.

Pour conclure, il serait prématuré, je crois, malgré la grande valeur des arguments et des faits érigés contre elle, de regarder la Mécanique classique comme définitivement condamnée. Quoi qu'il en soit, d'ailleurs, elle restera la mécanique des vitesses très petites par rapport à la vitesse de la lumière, la mécanique donc de notre vie pratique et de notre technique terrestre. Si cependant, dans quelques années, sa rivale triomphe, je me permettrai de vous signaler un écueil pédagogique que n'éviteront pas nombre de maîtres, en France tout au moins. Ces maîtres n'auront rien de plus pressé, en enseignant la mécanique élémentaire à leurs élèves, que de leur apprendre que cette mécanique-là a fait son temps, qu'une mécanique nouvelle, où les notions de masse et de temps ont une toute autre valeur, la remplace; ils regarderont de haut cette mécanique périmée que les programmes les forcent à enseigner et feront sentir à leurs élèves le mépris qu'ils lui portent.

Je crois bien cependant que cette Mécanique classique dédaignée sera aussi nécessaire que maintenant et que celui qui ne la connaîtra pas à fond ne pourra comprendre la Mécanique nouvelle.

SUR

LA DYNAMIQUE DE L'ÉLECTRON

Estratto dal Tomo XXI (1906) dei *Rendiconti del Circolo Matematico di Palermo*.
Adunanza del 23 Luglio 1905.

INTRODUCTION.

Il semble au premier abord que l'aberration de la lumière et les phénomènes optiques et électriques qui s'y rattachent vont nous fournir un moyen de déterminer le mouvement absolu de la Terre, ou plutôt son mouvement, non par rapport aux autres astres, mais par rapport à l'éther. Fresnel l'avait déjà tenté, mais il reconnut bientôt que le mouvement de la Terre n'altère pas les lois de la réfraction et de la réflexion. Les expériences analogues, comme celle de la lunette pleine d'eau et toutes celles où l'on ne tient compte que des termes du premier ordre par rapport à l'aberration, ne donnèrent non plus que des résultats négatifs; on en découvrit bientôt l'explication; mais Michelson, ayant imaginé une expérience où les termes dépendant du carré de l'aberration devenaient sensibles, échoua à son tour.

Il semble que cette impossibilité de mettre en évidence expérimentalement le mouvement absolu de la Terre soit une loi générale de la Nature; nous sommes naturellement portés à admettre cette loi, que nous appellerons le *Postulat de Relativité* et à l'admettre sans restriction. Que ce postulat, jusqu'ici d'accord avec l'expérience, doive être confirmé ou infirmé plus tard par des expériences plus précises, il est en tout cas intéressant de voir quelles en peuvent être les conséquences.

Une explication a été proposée par Lorentz et Fitz Gerald, qui ont introduit l'hypothèse d'une contraction subie par tous les corps dans le sens du mouvement de la Terre et proportionnelle au carré de l'aberration; cette contraction, que nous appellerons la *contraction lorentzienne*, rendrait compte de l'expérience de Michelson, et de toutes celles qui ont été réalisées jusqu'ici. L'hypothèse deviendrait insuffisante, toutefois, si l'on voulait admettre dans toute sa généralité le postulat de relativité.

Lorentz a cherché alors à la compléter et à la modifier de façon à la mettre en concordance parfaite avec ce postulat. C'est ce qu'il a réussi à faire dans son article intitulé: *Electromagnetic phenomena in a system moving with any velocity smaller than that of light* (*Proceedings* de l'Académie d'Amsterdam, 27 mai 1904).

L'importance de la question m'a déterminé à la reprendre; les résultats que j'ai obtenus sont d'accord avec ceux de M. Lorentz sur tous les points importants; j'ai été seulement conduit à les modifier et à les compléter dans quelques points de détail; on verra plus loin les différences qui sont d'une importance secondaire.

L'idée de Lorentz peut se résumer ainsi : si l'on peut, sans qu'aucun des phénomènes apparents soit modifié, imprimer à tout le système une translation commune, c'est que les équations d'un milieu électromagnétique ne sont pas altérées par certaines transformations, que nous appellerons *transformations de Lorentz;* deux systèmes, l'un immobile, l'autre en translation, deviennent ainsi l'image exacte l'un de l'autre.

Langevin [1] avait cherché à modifier l'idée de Lorentz; pour les deux auteurs, l'électron en mouvement prend la forme d'un ellipsoïde aplati, mais pour Lorentz deux des axes de l'ellipsoïde demeurent constants, pour Langevin au contraire c'est le volume de l'ellipsoïde qui demeure constant. Les deux savants ont d'ailleurs montré que ces deux hypothèses s'accordent avec les expériences de Kaufmann, aussi bien que l'hypothèse primitive d'Abraham (électron sphérique indéformable).

L'avantage de la théorie de Langevin, c'est qu'elle ne fait intervenir que les forces électromagnétiques et les forces de liaison; mais elle est incompatible avec le postulat de relativité; c'est ce que Lorentz avait montré, c'est ce que je retrouve à mon tour par une

---

[1] Langevin avait été devancé par M. Bucherer de Bonn, qui a émis avant lui la même idée (*voir* Bucherer, *Mathematische Einführung in die Elektronentheorie*, août 1904, Teubner, Leipzig).

autre voie en faisant appel aux principes de la Théorie des Groupes.

Il faut donc en revenir à la théorie de Lorentz; mais si l'on veut la conserver et éviter d'intolérables contradictions, il faut supposer une force spéciale qui explique à la fois la contraction et la constance de deux des axes. J'ai cherché à déterminer cette force, j'ai trouvé qu'*elle peut être assimilée à une pression extérieure constante, agissant sur l'électron déformable et compressible, et dont le travail est proportionnel aux variations du volume de cet électron.*

Si alors l'inertie de la matière était exclusivement d'origine électromagnétique, comme on l'admet généralement depuis l'expérience de Kaufmann, et qu'à part cette pression constante dont je viens de parler, toutes les forces soient d'origine électromagnétique, le postulat de relativité peut être établi en toute rigueur. C'est ce que je montre par un calcul très simple fondé sur le principe de moindre action.

Mais ce n'est pas tout. Lorentz, dans l'Ouvrage cité, a jugé nécessaire de compléter son hypothèse de façon que le postulat subsiste quand il y a d'autres forces que les forces électromagnétiques. D'après lui, toutes les forces, quelle qu'en soit l'origine, sont affectées par la transformation de Lorentz (et par conséquent par une translation) de la même manière que les forces électromagnétiques.

Il importait d'examiner cette hypothèse de plus près et en particulier de rechercher quelles modifications elle nous obligerait à apporter aux lois de la gravitation.

On trouve d'abord qu'elle nous force à supposer que la propagation de la gravitation n'est pas instantanée, mais se fait avec la vitesse de la lumière. On pourrait croire que c'est une raison suffisante pour rejeter l'hypothèse, Laplace ayant démontré qu'il ne peut en être ainsi. Mais en réalité, l'effet de cette propagation est compensé, en grande partie, par une cause différente, de sorte qu'il n'y a plus contradiction entre la loi proposée et les observations astronomiques.

Était-il possible de trouver une loi, qui satisfît à la condition imposée par Lorentz, et qui en même temps se réduisît à la loi de Newton toutes les fois que les vitesses des astres sont assez petites pour qu'on puisse négliger leurs carrés (ainsi que le produit des accélérations par les distances) devant le carré de la vitesse de la lumière ?

A cette question, ainsi qu'on le verra plus loin, on doit répondre affirmativement.

La loi ainsi modifiée est-elle compatible avec les observations astronomiques ?

A première vue, il semble que oui, mais la question ne pourra être tranchée que par une discussion approfondie.

Mais en admettant même que cette discussion tourne à l'avantage de la nouvelle hypothèse, que devrons-nous conclure ? Si la propagation de l'attraction se fait avec la vitesse de la lumière, cela ne peut être par une rencontre fortuite, cela doit être parce que c'est une fonction de l'éther; et alors il faudra chercher à pénétrer la nature de cette fonction, et la rattacher aux autres fonctions du fluide.

Nous ne pouvons nous contenter de formules simplement juxtaposées et qui ne s'accorderaient que par un hasard heureux; il faut que ces formules arrivent pour ainsi dire à se pénétrer mutuellement. L'esprit ne sera satisfait que quand il croira apercevoir la raison de cet accord, au point d'avoir l'illusion qu'il aurait pu le prévoir.

Mais la question peut encore se présenter à un autre point de vue, qu'une comparaison fera mieux comprendre. Supposons un astronome antérieur à Copernic et réfléchissant sur le système de Ptolémée; il remarquera que pour toutes les planètes, un des deux cercles, épicycle ou déférent, est parcouru dans le même temps. Cela ne peut être par hasard, il y a donc entre toutes les planètes je ne sais quel lien mystérieux.

Mais Copernic, en changeant simplement les axes de coordonnées regardés comme fixes, fait évanouir cette apparence; chaque planète ne décrit plus qu'un seul cercle et les durées des révolutions deviennent indépendantes (jusqu'à ce que Képler rétablisse entre elles le lien qu'on avait cru détruit).

Ici il est possible qu'il y ait quelque chose d'analogue; si nous admettions le postulat de relativité, nous trouverions dans la loi de gravitation et dans les lois électromagnétiques un nombre commun qui serait la vitesse de la lumière; et nous le retrouverions encore dans toutes les autres forces d'origine quelconque, ce qui ne pourrait s'expliquer que de deux manières :

Ou bien il n'y aurait rien au monde qui ne fût d'origine électromagnétique.

Ou bien cette partie qui serait pour ainsi dire commune à tous les phénomènes physiques ne serait qu'une apparence, quelque chose qui tiendrait à nos méthodes de mesure. Comment faisons-nous nos mesures? En transportant, les uns sur les autres, des objets regardés comme des solides invariables, répondra-t-on d'abord; mais cela n'est plus vrai dans la théorie actuelle, si l'on admet la contraction lorentzienne. Dans cette théorie, deux longueurs égales, ce sont, par définition, deux longueurs que la lumière met le même temps à parcourir.

Peut-être suffirait-il de renoncer à cette définition, pour que la théorie de Lorentz fût aussi complètement bouleversée que l'a été le système de Ptolémée par l'intervention de Copernic. Si cela arrive un jour, cela ne prouvera pas que l'effort fait par Lorentz ait été inutile; car Ptolémée, quoi qu'on en pense, n'a pas été inutile à Copernic.

Aussi n'ai-je pas hésité à publier ces quelques résultats partiels, bien qu'en ce moment même la théorie entière puisse sembler mise en danger par la découverte des rayons magnétocathodiques.

1. Transformation de Lorentz.

Lorentz a adopté un système particulier d'unités, de façon à faire disparaître les facteurs 4π dans les formules. Je ferai de même, et de plus je choisirai les unités de longueur et de temps de telle façon que la vitesse de la lumière soit égale à 1. Dans ces conditions les formules fondamentales deviennent, en appelant f, g, h le déplacement électrique, α, β, γ la force magnétique, F, G, H le potentiel vecteur, ψ le potentiel scalaire, ρ la densité électrique, ξ, η, ζ la vitesse de l'électron, u, v, w le courant :

$$(1)\quad \left\{\begin{aligned} & u = \frac{\partial f}{\partial t} + \rho\xi = \frac{\partial \gamma}{\partial y} - \frac{\partial \beta}{\partial z}, \qquad \alpha = \frac{\partial \mathrm{H}}{\partial y} - \frac{\partial \mathrm{G}}{\partial z}, \qquad f = -\frac{\partial \mathrm{F}}{\partial t} - \frac{\partial \psi}{\partial x}, \\ & \frac{\partial \alpha}{\partial t} = \frac{\partial g}{\partial z} - \frac{\partial h}{\partial y}, \qquad \frac{\partial \rho}{\partial t} + \sum \frac{\partial \rho\xi}{\partial x} = 0, \qquad \sum \frac{\partial f}{\partial x} = \rho, \qquad \frac{\partial \psi}{\partial t} + \sum \frac{\partial \mathrm{F}}{\partial x} = 0, \\ & \square = \Delta - \frac{\partial^2}{\partial t^2} = \sum \frac{\partial^2}{\partial x^2} - \frac{\partial^2}{\partial t^2}, \qquad \square\psi = -\rho, \qquad \square \mathrm{F} = -\rho\xi. \end{aligned}\right.$$

Un élément de matière de volume $dx\,dy\,dz$ subit une force mécanique dont les composantes $\mathrm{X}\,dx\,dy\,dz$, $\mathrm{Y}\,dx\,dy\,dz$, $\mathrm{Z}\,dx\,dy\,dz$ se déduisent de la formule

$$(2)\qquad \mathrm{X} = \rho f + \rho(\eta\gamma - \zeta\beta).$$

Ces équations sont susceptibles d'une transformation remarquable découverte par Lorentz et qui doit son intérêt à ce qu'elle explique pourquoi aucune expérience n'est susceptible de nous faire connaître le mouvement absolu de l'Univers. Posons

$$(3) \qquad x' = kl(x + \varepsilon t), \qquad t' = kl(t + \varepsilon x), \qquad y' = ly, \qquad z' = lz,$$

l et ε étant deux constantes quelconques, et où

$$k = \frac{1}{\sqrt{1 - \varepsilon^2}}.$$

Si alors nous posons

$$\square' = \sum \frac{\partial^2}{\partial x'^2} - \frac{\partial^2}{\partial t'^2},$$

il viendra

$$\square' = \square\, l^{-2}.$$

Considérons une sphère entraînée avec l'électron dans un mouvement de translation uniforme et soit

$$(x - \xi t)^2 + (y - \eta t)^2 + (z - \zeta t)^2 = r^2$$

l'équation de cette sphère mobile dont le volume sera $\frac{4}{3}\pi r^3$.

La transformation la changera en un ellipsoïde, dont il est aisé de trouver l'équation. On déduit aisément en effet des équations (3)

$$(3\,bis) \qquad x = \frac{k}{l}(x' - \varepsilon t'), \qquad t = \frac{k}{l}(t' - \varepsilon x'), \qquad y = \frac{y'}{l}, \qquad z = \frac{z'}{l}.$$

L'équation de l'ellipsoïde devient ainsi

$$k^2(x' - \varepsilon t' - \xi t' + \varepsilon \xi x')^2 + (y' - \eta k t' + \eta k \varepsilon x')^2 + (z' - \zeta k t' + \zeta k \varepsilon x')^2 = l^2 r^2.$$

Cet ellipsoïde se déplace avec un mouvement uniforme; pour $t' = 0$, il se réduit à

$$k^2 x'^2 (1 + \xi \varepsilon)^2 + (y' + \eta k \varepsilon x')^2 + (z' + \zeta k \varepsilon x')^2 = l^2 r^2$$

et a pour volume

$$\frac{4}{3}\pi r^3 \frac{l^3}{k(1 + \xi \varepsilon)}.$$

Si l'on veut que la charge d'un électron ne soit pas altérée par la transformation et si l'on appelle ρ' la nouvelle densité électrique, il viendra

$$\rho' = \frac{k}{l^3}\rho(1+\varepsilon\xi). \tag{4}$$

Que seront maintenant les nouvelles vitesses ξ', η', ζ' ? on devra avoir

(*Règle d'addition des vitesses*)

$$\left\{\begin{aligned} \xi' &= \frac{dx'}{dt'} = \frac{d(x+\varepsilon t)}{d(t+\varepsilon x)} = \frac{\xi+\varepsilon}{1+\varepsilon\xi}, \\ \eta' &= \frac{dy'}{dt'} = \frac{dy}{k\,d(t+\varepsilon x)} = \frac{\eta}{k(1+\varepsilon\xi)}, \\ \zeta' &= \frac{\zeta}{k(1+\varepsilon\xi)}, \end{aligned}\right.$$

d'où

$$\rho'\xi' = \frac{k}{l^3}\rho(\xi+\varepsilon), \qquad \rho'\eta' = \frac{1}{l^3}\rho\eta, \qquad \rho'\zeta' = \frac{1}{l^3}\rho\xi. \tag{4 bis}$$

C'est ici que je dois signaler pour la première fois une divergence avec Lorentz.

Lorentz pose (à la différence des notations près) [*loc. cit.*, p. 813, formules (7) et (8)]

$$\rho' = \frac{1}{kl^3}\rho, \qquad \xi' = k^2(\xi+\varepsilon), \qquad \eta' = k\eta, \qquad \zeta' = k\zeta.$$

On retrouve ainsi les formules

$$\rho'\xi' = \frac{k}{l^3}\rho(\xi+\varepsilon), \qquad \rho'\eta' = \frac{1}{l^3}\rho\eta, \qquad \rho'\zeta' = \frac{1}{l^3}\rho\zeta;$$

mais la valeur de ρ' diffère.

Il importe de remarquer que les formules (4) et (4 *bis*) satisfont à la condition de continuité

$$\frac{\partial\rho'}{\partial t'} + \sum\frac{\partial\rho'\xi'}{\partial x'} = 0.$$

Soit en effet λ une quantité indéterminée et D le déterminant fonctionnel de

$$t+\lambda\rho, \qquad x+\lambda\rho\xi, \qquad y+\lambda\rho\eta, \qquad z+\lambda\rho\zeta \tag{5}$$

par rapport à t, x, y, z. On aura

$$D = D_0 + D_1\lambda + D_2\lambda^2 + D_3\lambda^3 + D_4\lambda^4$$

avec

$$D_0 = 1, \qquad D_1 = \frac{\partial \rho}{\partial t} + \sum \frac{\partial \rho \xi}{\partial x} = 0.$$

Soit $\lambda' = l^2 \lambda$, nous voyons que les quatre fonctions

$$(5\ bis) \qquad t' + \lambda' \rho', \qquad x' + \lambda' \rho' \xi', \qquad y' + \lambda' \rho' \eta', \qquad z' + \lambda' \rho' \zeta'$$

sont liées aux fonctions (5) par les mêmes relations linéaires que les variables anciennes aux variables nouvelles. Si donc on désigne par D′ le déterminant fonctionnel des fonctions (5 *bis*) par rapport aux variables nouvelles, on aura

$$D' = D, \qquad D' = D'_0 + D'_1 \lambda' + \ldots + D'_4 \lambda'^4,$$

d'où

$$D'_0 = D_0 = 1, \qquad D'_1 = l^{-2} D_1 = 0 = \frac{\partial \rho'}{\partial t'} + \sum \frac{\partial \rho' \xi'}{\partial x'}. \qquad \text{C.Q.F.D.}$$

Avec l'hypothèse de Lorentz, cette condition ne serait pas remplie, puisque ρ' n'a pas la même valeur.

Nous définirons les nouveaux potentiels, vecteur et scalaire, de façon à satisfaire aux conditions

$$(6) \qquad \square' \psi' = -\rho', \qquad \square' F' = -\rho' \xi'.$$

Nous tirerons ensuite de là

$$(7) \qquad \psi' = \frac{k}{l}(\psi + \varepsilon F), \qquad F' = \frac{k}{l}(F + \varepsilon \psi), \qquad G' = \frac{1}{l} G, \qquad H' = \frac{1}{l} H.$$

Ces formules diffèrent notablement de celles de Lorentz, mais la divergence ne porte en dernière analyse que sur les définitions.

Nous choisirons les nouveaux champs électrique et magnétique de façon à satisfaire aux équations

$$(8) \qquad f' = -\frac{\partial F'}{\partial t'} - \frac{\partial \psi'}{\partial x'}, \qquad \alpha' = \frac{\partial H'}{\partial y'} - \frac{\partial G'}{\partial z'}.$$

Il est aisé de voir que

$$\frac{\partial}{\partial t'} = \frac{k}{l}\left(\frac{\partial}{\partial t} - \varepsilon \frac{\partial}{\partial x}\right), \quad \frac{\partial}{\partial x'} = \frac{k}{l}\left(\frac{\partial}{\partial x} - \varepsilon \frac{\partial}{\partial t}\right), \quad \frac{\partial}{\partial y'} = \frac{1}{l} \frac{\partial}{\partial y}, \quad \frac{\partial}{\partial z'} = \frac{1}{l} \frac{\partial}{\partial z}$$

et l'on en conclut

$$
(9)\qquad
\begin{cases}
f' = \dfrac{1}{l^2} f, & g' = \dfrac{k}{l^2}(g + \varepsilon\gamma), \quad h' = \dfrac{k}{l^2}(h - \varepsilon\beta),\\[2mm]
\alpha' = \dfrac{1}{l^2}\alpha, & \beta' = \dfrac{k}{l^2}(\beta - \varepsilon h), \quad \gamma' = \dfrac{k}{l^2}(\gamma + \varepsilon g).
\end{cases}
$$

Ces formules sont identiques à celles de Lorentz.

Notre transformation n'altère pas les équations (1). En effet, la condition de continuité, ainsi que les équations (6) et (8), nous fournissent déjà quelques-unes des équations (1) (sauf l'accentuation des lettres).

Les équations (6) rapprochées de la condition de continuité donnent

$$
(10)\qquad \frac{\partial\psi'}{\partial t'} + \sum \frac{\partial F'}{\partial x'} = 0.
$$

Il reste à établir que

$$
\frac{\partial f'}{\partial t'} + \rho'\xi' = \frac{\partial\gamma'}{\partial y'} - \frac{\partial\beta'}{\partial z'}, \qquad \frac{\partial\alpha'}{\partial t'} = \frac{\partial g'}{\partial z'} - \frac{\partial h'}{\partial y'}, \qquad \sum \frac{\partial f'}{\partial x'} = \rho'
$$

et l'on voit aisément que ce sont des conséquences nécessaires des équations (6), (8) et (10).

Nous devons maintenant comparer les forces avant et après la transformation.

Soient X, Y, Z la force avant, et X', Y', Z' la force après la transformation, toutes deux rapportées à l'unité de volume. Pour que X' satisfasse aux mêmes équations qu'avant la transformation, on doit avoir

$$
\begin{aligned}
X' &= \rho' f' + \rho'(\eta'\gamma' - \zeta'\beta'),\\
Y' &= \rho' g' + \rho'(\zeta'\alpha' - \xi'\gamma'),\\
Z' &= \rho' h' + \rho'(\xi'\beta' - \eta'\alpha'),
\end{aligned}
$$

ou, en remplaçant toutes les quantités par leurs valeurs (4), (4 *bis*) et (9) et tenant compte des équations (2)

$$
(11)\qquad
\begin{cases}
X' = \dfrac{k}{l^5}(X + \varepsilon \Sigma X\xi),\\[2mm]
Y' = \dfrac{1}{l^5} Y,\\[2mm]
Z' = \dfrac{1}{l^5} Z.
\end{cases}
$$

Si nous représentions par X_1, Y_1, Z_1 les composantes de la force rapportée, non plus à l'unité de volume, mais à l'unité de charge électrique de l'électron, et par X'_1, Y'_1, Z'_1 les mêmes quantités après la transformation, nous aurions

$$X_1 = f + \eta\gamma - \zeta\beta, \qquad X'_1 = f' + \eta'\gamma' - \zeta'\beta', \qquad X = \rho X_1, \qquad X' = \rho' X'_1$$

et nous aurions les équations

$$(11\ bis) \quad \begin{cases} X'_1 = \dfrac{k}{l^5}\dfrac{\rho}{\rho'}(X_1 + \varepsilon\Sigma X_1\xi), \\ Y'_1 = \dfrac{1}{l^5}\dfrac{\rho}{\rho'}Y_1, \\ Z'_1 = \dfrac{1}{l^5}\dfrac{\rho}{\rho'}Z_1. \end{cases}$$

Lorentz avait trouvé [à la différence des notations près, page 813, formule (10)]

$$(11\ ter) \quad \begin{cases} X_1 = l^2 X'_1 - l^2\varepsilon(\eta' g' + \zeta' h'), \\ Y_1 = \dfrac{l^2}{k}Y'_1 + \dfrac{l^2\varepsilon}{k}\xi' g', \\ Z_1 = \dfrac{l^2}{k}Z'_1 + \dfrac{l^2\varepsilon}{k}\xi' h'. \end{cases}$$

Avant d'aller plus loin, il importe de rechercher la cause de cette importante divergence. Elle tient évidemment à ce que les formules pour ξ', η', ζ' ne sont pas les mêmes, tandis que les formules pour les champs électrique et magnétique sont les mêmes.

Si l'énertie des électrons est exclusivement d'origine électromagnétique, si de plus ils ne sont soumis qu'à des forces d'origine électromagnétique, la condition d'équilibre exige que l'on ait à l'intérieur des électrons

$$X = Y = Z = 0.$$

Or en vertu des équations (11) ces relations équivalent à

$$X' = Y' = Z' = 0.$$

Les conditions d'équilibre des électrons ne sont donc pas altérées par la transformation.

Malheureusement une hypothèse aussi simple est inadmissible. Si, en effet, on suppose $\xi = \eta = \zeta = 0$, les conditions $X = Y = Z = 0$

entraîneraient $f = g = h = 0$, et par conséquent $\sum \frac{\partial f}{\partial x} = 0$, c'est-à-dire $\rho = 0$. On arriverait à des résultats analogues dans le cas le plus général. Il faut donc bien admettre qu'il y a outre les forces électromagnétiques, soit d'autres forces, soit des liaisons. Il faut alors chercher à quelles conditions doivent satisfaire ces forces ou ces liaisons, pour que l'équilibre des électrons ne soit pas troublé par la transformation. Ce sera l'objet d'un paragraphe ultérieur.

2. Principe de moindre action.

On sait comment Lorentz a déduit ses équations du principe de moindre action. Je reviendrai cependant sur la question, bien que je n'aie rien d'essentiel à ajouter à l'analyse de Lorentz, parce que je préfère la présenter sous une forme un peu différente qui me sera utile pour mon objet. Je poserai

$$J = \int dt\, d\tau \left[\frac{\Sigma f^2}{2} + \frac{\Sigma \alpha^2}{2} - \Sigma F u \right], \tag{1}$$

en supposant que f, α, F, u, ... sont assujetties aux conditions suivantes et à celles qu'on en déduirait par symétrie :

$$\sum \frac{\partial f}{\partial x} = \rho, \qquad \alpha = \frac{\partial H}{\partial y} - \frac{\partial G}{\partial z}, \qquad u = \frac{\partial f}{\partial t} + \rho \xi. \tag{2}$$

Quant à l'intégrale J elle doit être étendue :

1° Par rapport à l'élément de volume $d\tau = dx\, dy\, dz$, à l'espace tout entier;

2° Par rapport au temps t, à l'intervalle compris entre les limites $t = t_0$, $t = t_1$.

D'après le principe de moindre action, l'intégrale J doit être un minimum, si l'on assujettit les diverses quantités qui y figurent :

1° Aux conditions (2);

2° A la condition que l'état du système soit déterminé aux deux époques limites $t = t_0$, $t = t_1$.

Cette dernière condition nous permet de transformer nos intégrales à l'aide de l'intégration par parties relativement au temps. Si nous avons en effet une intégrale de la forme

$$\int dt\, d\tau\, A \frac{\partial B\, \delta C}{\partial t},$$

où C est une des quantités qui définissent l'état du système et δC sa variation, elle sera égale (en intégrant par parties relativement au temps) à

$$\int d\tau \mid AB\, \delta C \mid_{t=t_0}^{t=t_1} - \int dt\, d\tau \frac{\partial A}{\partial t} dB\, \delta C.$$

Comme l'état du système est déterminé aux deux époques limites, on a $\delta C = 0$ pour $t = t_0$, $t = t_1$; donc la première intégrale qui se rapporte à ces deux époques est nulle, et la seconde subsiste seule.

Nous pouvons de même intégrer par parties par rapport à x, y ou z; nous avons en effet

$$\int A \frac{\partial B}{\partial x} dx\, dy\, dz\, dt = \int AB\, dy\, dz\, dt - \int B \frac{\partial A}{\partial x} dx\, dy\, dz\, dt.$$

Nos intégrations s'étendant jusqu'à l'infini, il faut faire $x = \pm \infty$ dans la première intégrale du second membre; donc, comme nous supposons toujours que toutes nos fonctions s'annulent à l'infini, cette intégrale sera nulle et il viendra

$$\int A \frac{\partial B}{\partial x} d\tau\, dt = - \int B \frac{\partial A}{\partial x} d\tau\, dt.$$

Si le système était supposé soumis à des liaisons, il faudrait adjoindre ces conditions de liaison aux conditions imposées aux diverses quantités qui figurent dans l'intégrale J.

Donnons d'abord à F, G, H des accroissements δF, δG, δH; d'où

$$\delta\alpha = \frac{\partial\, \delta H}{\partial y} - \frac{\partial\, \delta G}{\partial z}.$$

On devra avoir

$$\delta J = \int dt\, d\tau \left[\sum \alpha \left(\frac{\partial\, \delta H}{\partial y} - \frac{\partial\, \delta G}{\partial z} \right) - \sum u\, \delta F \right] = 0$$

ou, en intégrant par parties,

$$\delta J = \int dt\, d\tau \left[\sum \left(\delta G \frac{\partial \alpha}{\partial z} - \delta H \frac{\partial \alpha}{\partial y} \right) - \sum u\, \delta F \right]$$
$$= - \int dt\, d\tau \sum \delta F \left(u - \frac{\partial \gamma}{\partial y} + \frac{\partial \beta}{\partial z} \right) = 0,$$

d'où, en égalant à zéro le coefficient de l'arbitraire δF,

$$(3) \qquad u = \frac{\partial \gamma}{\partial y} - \frac{\partial \beta}{\partial z}.$$

Cette relation nous donne (avec une intégration par parties)

$$\int \sum F u \, d\tau = \int \sum F \left(\frac{\partial \gamma}{\partial y} - \frac{\partial \beta}{\partial z} \right) d\tau = \int \sum \left(\beta \frac{\partial F}{\partial z} - \gamma \frac{\partial F}{\partial y} \right) d\tau$$
$$= \int \sum \alpha \left(\frac{\partial H}{\partial y} - \frac{\partial G}{\partial z} \right) d\tau$$

ou

$$\int \Sigma F u \, d\tau = \int \Sigma \alpha^2 \, d\tau,$$

d'où enfin

$$(4) \qquad J = \int dt \, d\tau \left(\frac{\Sigma f^2}{2} - \frac{\Sigma \alpha^2}{2} \right).$$

Désormais, et grâce à la relation (3), δJ est indépendant de δF et par conséquent de $\delta\alpha$; faisons varier maintenant les autres variables.

Il vient, en revenant à l'expression (1) de J,

$$\delta J = \int dt \, d\tau (\Sigma f \delta f - \Sigma F \delta u).$$

Mais f, g, h sont assujettis à la première des conditions (2), de sorte que

$$(5) \qquad \sum \frac{\partial \, \delta f}{\partial x} = \delta \rho,$$

et qu'il convient d'écrire

$$(6) \qquad \delta J = \int dt \, d\tau \left[\sum f \, df - \sum F \, \delta u - \psi \left(\sum \frac{\partial \, \delta f}{\partial x} - \delta \rho \right) \right].$$

Les principes du calcul des variations nous apprennent que l'on doit faire le calcul comme si, ψ étant une fonction arbitraire, δJ était représenté par l'expression (6) et si les variations n'étaient plus assujetties à la condition (5).

Nous avons d'autre part

$$\delta u = \frac{\partial \, \delta f}{\partial t} + \delta \rho \, \xi,$$

d'où, après intégration par parties,

$$(7) \qquad \delta J = \int dt \, d\tau \sum \delta f \left(f + \frac{\partial F}{\partial t} + \frac{\partial \psi}{\partial x} \right) + \int dt \, d\tau \left(\psi \, \delta \rho - \sum F \, \delta \rho \, \xi \right).$$

Si nous supposons d'abord que les électrons ne subissent pas de variation, $\delta\rho = \delta\rho\xi = 0$ et la seconde intégrale est nulle. Comme δJ doit s'annuler, on doit avoir

$$(8) \qquad f + \frac{\partial F}{\partial t} + \frac{\partial \psi}{\partial x} = 0.$$

Il reste donc, dans le cas général,

$$(9) \qquad \delta J = \int dt\, d\tau (\psi\, \delta\rho - \Sigma\, F\, \delta\rho\xi).$$

Il reste à déterminer les forces qui agissent sur les électrons. Pour cela nous devons supposer qu'on applique à chaque élément d'électron une force complémentaire — X $d\tau$, — Y $d\tau$,— Z $d\tau$ et écrire que cette force fait équilibre aux forces d'origine électromagnétique. Soit U, V, W les composantes du déplacement de l'élément $d\tau$ d'électron, déplacement compté à partir d'une position initiale quelconque. Soient δU, δV, δW les variations de ce déplacement; le travail virtuel correspondant de la force complémentaire sera

$$-\int \Sigma\, X\, \delta U\, d\tau,$$

de sorte que la condition d'équilibre dont nous venons de parler s'écrira

$$(10) \qquad \delta J = -\int \Sigma\, X\, \delta U\, d\tau\, dt.$$

Il s'agit de transformer δJ. Pour cela, commençons par chercher l'équation de continuité exprimant que la charge d'un électron se conserve par la variation.

Soient x_0, y_0, z_0 la position initiale d'un électron. Sa position actuelle sera

$$x = x_0 + U, \qquad y = y_0 + V, \qquad z = z_0 + W.$$

Nous introduirons en outre une variable auxiliaire ε, qui produira les variations de nos diverses fonctions, de sorte que, pour une fonction A quelconque, on ait

$$\delta A = \delta\varepsilon \frac{\partial A}{\partial \varepsilon}.$$

Il me sera commode en effet de pouvoir passer de la notation du calcul des variations, à celle du calcul différentiel ordinaire, ou inversement.

Nos fonctions pourront être regardées : 1° soit comme dépendant des cinq variables x, y, z, t, ε, de telle sorte qu'on reste toujours à la même place quand t et ε varient seuls : nous désignerons alors leurs dérivées par des ∂ ronds ; 2° soit comme dépendant des cinq variables x_0, y_0, z_0, t, ε, de telle sorte qu'on suive toujours un même électron quand t et ε varient seuls : nous désignerons alors leurs dérivées par des d ordinaires. On aura alors

$$\xi = \frac{dU}{dt} = \frac{\partial U}{\partial t} + \xi \frac{\partial U}{\partial x} + \eta \frac{\partial U}{\partial y} + \zeta \frac{\partial U}{\partial z} = \frac{dx}{dt}. \tag{11}$$

Désignons maintenant par Δ le déterminant fonctionnel de x, y, z par rapport à x_0, y_0, z_0

$$\Delta = \frac{d(x, y, z)}{d(x_0, y_0, z_0)}.$$

Si ε, x_0, y_0, z_0 restant constants nous donnons à t un accroissement dt, il en résultera pour x, y, z des accroissements dx, dy, dz, et pour Δ un accroissement $d\Delta$, et l'on aura

$$dx = \xi\, dt, \qquad dy = \eta\, dt, \qquad dz = \zeta\, dt,$$
$$\Delta + d\Delta = \frac{d(x+dx,\, y+dy,\, z+dz)}{d(x_0, y_0, z_0)};$$

d'où

$$1 + \frac{d\Delta}{\Delta} = \frac{d(x+dx,\, y+dy,\, z+dz)}{d(x, y, z)} = \frac{d(x+\xi\, dt,\, y+\eta\, dt,\, z+\zeta\, dt)}{d(x, y, z)}.$$

On en déduit

$$\frac{1}{\Delta}\frac{d\Delta}{dt} = \frac{\partial \xi}{\partial x} + \frac{\partial \eta}{\partial y} + \frac{\partial \zeta}{\partial z}. \tag{12}$$

La masse de chaque électron étant invariable, on aura

$$\frac{d\rho\Delta}{dt} = 0, \tag{13}$$

d'où

$$\frac{d\rho}{dt} + \sum \rho \frac{\partial \xi}{\partial x} = 0, \qquad \frac{d\rho}{dt} = \frac{\partial \rho}{\partial t} + \sum \xi \frac{\partial \rho}{\partial x}, \qquad \frac{\partial \rho}{\partial t} + \sum \frac{\partial \rho \xi}{\partial x} = 0.$$

Telles sont les différentes formes de l'équation de continuité en ce qui concerne la variable t. Nous trouvons des formes analogues en ce qui concerne la variable ε. Soit

$$\delta U = \frac{dU}{d\varepsilon}\delta\varepsilon, \qquad \delta V = \frac{dV}{d\varepsilon}\delta\varepsilon, \qquad \delta W = \frac{dW}{d\varepsilon}\delta\varepsilon;$$

il viendra

$$\delta U = \frac{\partial U}{\partial\varepsilon}\delta\varepsilon + \delta U\frac{\partial U}{\partial x} + \delta V\frac{\partial U}{\partial y} + \delta W\frac{\partial U}{\partial z}, \tag{11 bis}$$

$$\frac{1}{\Delta}\frac{d\Delta}{d\varepsilon} = \sum\frac{dU}{d\varepsilon}, \qquad \frac{d\rho\Delta}{d\varepsilon} = 0, \tag{12 bis}$$

$$\delta\varepsilon\frac{d\rho}{d\varepsilon} + \sum\rho\frac{\partial\,\delta U}{\partial x} = 0, \quad \frac{d\rho}{d\varepsilon} = \frac{\partial\rho}{\partial\varepsilon} + \sum\frac{\delta U}{\delta\varepsilon}\frac{\partial\rho}{\partial x}, \quad \delta\rho + \frac{\partial\rho\,\delta U}{\partial x} = 0. \tag{13 bis}$$

On remarquera la différence entre la définition de $\delta U = \frac{dU}{d\varepsilon}\delta\varepsilon$ et celle de $\delta\rho = \frac{\partial\rho}{\partial\varepsilon}\delta\varepsilon$; on remarquera que c'est bien cette définition de δU qui convient à la formule (10).

Cette dernière équation va nous permettre de transformer le premier terme de (9); nous trouvons en effet

$$\int dt\,d\tau\,\psi\,\delta\rho = -\int dt\,d\tau\,\psi\sum\frac{\partial\rho\,\delta U}{\partial x},$$

ou, en intégrant par parties,

$$\int dt\,d\tau\,\psi\,\delta\rho = \int dt\,d\tau\sum\rho\frac{\partial\psi}{\partial x}\delta U. \tag{14}$$

Proposons-nous maintenant de déterminer

$$\delta(\rho\xi) = \frac{\partial(\rho\xi)}{\partial\varepsilon}\delta\varepsilon.$$

Observons que $\rho\Delta$ ne peut dépendre que de x_0, y_0, z_0; en effet, si l'on considère un élément d'électron dont la position initiale est un parallélépipède rectangle dont les arêtes sont dx_0, dy_0, dz_0, la charge de cet élément est

$$\rho\Delta\,dx_0\,dy_0\,dz_0$$

et, cette charge devant demeurer constante, on a

$$\frac{d\rho\Delta}{dt} = \frac{d\rho\Delta}{d\varepsilon} = 0. \tag{15}$$

On en déduit

$$\frac{d^2\rho\Delta U}{dt\,d\varepsilon} = \frac{d}{d\varepsilon}\left(\rho\Delta\frac{dU}{dt}\right) = \frac{d}{dt}\left(\rho\Delta\frac{dU}{d\varepsilon}\right). \tag{16}$$

Or on sait que pour une fonction A quelconque, on a, par l'équation de continuité,

$$\frac{1}{\Delta}\frac{dA\Delta}{dt} = \frac{\partial A}{\partial t} + \sum \frac{\partial A\xi}{\partial x}$$

et de même

$$\frac{1}{\Delta}\frac{dA\Delta}{d\varepsilon} = \frac{\partial A}{\partial \varepsilon} + \sum \frac{\partial A \frac{dU}{d\varepsilon}}{\partial x}.$$

On a donc

$$(17) \quad \frac{1}{\Delta}\frac{d}{d\varepsilon}\left(\rho\Delta\frac{dU}{dt}\right) = \frac{\partial \rho \frac{dU}{dt}}{\partial \varepsilon} + \frac{\partial\left(\rho\frac{dU}{dt}\frac{dU}{d\varepsilon}\right)}{\partial x} + \frac{\partial\left(\rho\frac{dU}{dt}\frac{dV}{d\varepsilon}\right)}{\partial y} + \frac{\partial\left(\rho\frac{dU}{dt}\frac{dW}{d\varepsilon}\right)}{\partial z},$$

$$(17\,bis) \quad \frac{1}{\Delta}\frac{d}{dt}\left(\rho\Delta\frac{dU}{d\varepsilon}\right) = \frac{\partial \rho \frac{dU}{d\varepsilon}}{\partial t} + \frac{\partial\left(\rho\frac{dU}{dt}\frac{dU}{d\varepsilon}\right)}{\partial x} + \frac{\partial\left(\rho\frac{dV}{dt}\frac{dU}{d\varepsilon}\right)}{\partial y} + \frac{\partial\left(\rho\frac{dW}{dt}\frac{dU}{d\varepsilon}\right)}{\partial z}.$$

Les seconds membres de (17) et (17 *bis*) doivent être égaux et, si l'on se souvient que

$$\frac{dU}{dt} = \xi, \qquad \frac{dU}{d\varepsilon}\delta\varepsilon = \delta U, \qquad \frac{\partial(\rho\xi)}{\partial\varepsilon}\delta\varepsilon = \delta(\rho\xi),$$

il vient

$$(18) \quad \delta(\rho\xi) + \frac{\partial(\rho\xi\,\delta U)}{\partial x} + \frac{\partial(\rho\xi\,\delta V)}{\partial y} + \frac{\partial(\rho\xi\,\delta W)}{\partial z}$$
$$= \frac{\partial(\rho\,\delta U)}{\partial t} + \frac{\partial(\rho\xi\,\delta U)}{\partial x} + \frac{\partial(\rho\eta\,\delta U)}{\partial y} + \frac{\partial(\rho\zeta\,\delta U)}{\partial z}.$$

Transformons maintenant le second terme de (9); il vient

$$\int dt\,d\tau\,\Sigma F\,\delta(\rho\xi) = \int dt\,d\tau\Big[\sum F\frac{\partial(\rho\,\delta U)}{\partial t} + \sum F\frac{\partial(\rho\eta\,\delta U)}{\partial y}$$
$$+ \sum F\frac{\partial(\rho\zeta\,\delta U)}{\partial z} - \sum F\frac{\partial(\rho\xi\,\delta V)}{\partial y} - \sum F\frac{\partial(\rho\xi\,\delta W)}{\partial z}\Big].$$

Le second membre devient, par l'intégration par parties,

$$\int dt\,d\tau\left[-\Sigma\rho\,\delta U\frac{\partial F}{\partial t} - \Sigma\rho\eta\,\delta U\frac{\partial F}{\partial y} - \Sigma\rho\zeta\,\delta U\frac{\partial F}{\partial z} + \Sigma\xi\rho\,\delta V\frac{\partial F}{\partial y} + \Sigma\rho\xi\,\delta W\frac{\partial F}{\partial z}\right].$$

Remarquons maintenant que

$$\Sigma\rho\xi\,\delta V\frac{\partial F}{\partial y} = \Sigma\rho\zeta\,\delta U\frac{\partial H}{\partial x}, \qquad \Sigma\rho\xi\,\delta W\frac{\partial F}{\partial z} = \Sigma\rho\eta\,\delta U\frac{\partial G}{\partial x}.$$

Si, en effet, dans les deux membres de ces relations, on développe les Σ, elles deviennent des identités; et souvenons-nous que

$$\frac{\partial H}{\partial x} - \frac{\partial F}{\partial z} = -\beta, \qquad \frac{\partial G}{\partial x} - \frac{\partial F}{\partial y} = \gamma,$$

le second membre en question deviendra

$$\int dt\, d\tau \left[-\Sigma \rho\, \delta U \frac{\partial F}{\partial t} + \Sigma \rho\gamma\eta\, \delta U - \Sigma \rho\beta\zeta\, \delta U \right],$$

de sorte que finalement

$$\begin{aligned} \delta J &= \int dt\, d\tau \sum \rho\, \delta U \left(\frac{\partial \psi}{\partial x} + \frac{\partial F}{\partial t} + \beta\zeta - \gamma\eta \right) \\ &= \int dt\, d\tau \sum \rho\, \delta U(-f + \beta\zeta - \gamma\eta). \end{aligned}$$

En égalant le coefficient de δU dans les deux membres de (10), il vient

$$X = f - \beta\zeta + \gamma\eta.$$

C'est l'équation (2) du paragraphe précédent.

3. La transformation de Lorentz et le principe de moindre action.

Voyons si le principe de moindre action nous donne la raison du succès de la transformation de Lorentz. Il faut d'abord voir ce que cette transformation fait de l'intégrale

$$J = \int dt\, d\tau \left(\frac{\Sigma f^2}{2} - \frac{\Sigma \alpha^2}{2} \right)$$

[formule (4), § 2].

Nous trouvons d'abord

$$dt'\, d\tau' = l^4\, dt\, d\tau,$$

car x', y', z', t' sont liés à x, y, z, t par des relations linéaires dont le déterminant est égal à l^4; il vient ensuite

$$(1) \quad \begin{cases} l^4 \Sigma f'^2 = f^2 + k^2(g^2 + h^2) + k^2\varepsilon^2(\beta^2 + \gamma^2) + 2k^2\varepsilon(g\gamma - h\beta), \\ l^4 \Sigma \alpha'^2 = \alpha^2 + k^2(\beta^2 + \gamma^2) + k^2\varepsilon^2(g^2 + h^2) + 2k^2\varepsilon(g\gamma - h\beta) \end{cases}$$

[formules (9), § 1], d'où

$$l^4(\Sigma f'^2 - \Sigma \alpha'^2) = \Sigma f^2 - \Sigma \alpha^2;$$

de sorte que si l'on pose

$$J' = \int dt'\, d\tau' \left(\frac{\Sigma f'^2}{2} - \frac{\Sigma \alpha'^2}{2}\right),$$

il vient

$$J' = J.$$

Il faut toutefois, pour que cette égalité soit justifiée, que les limites d'intégration soient les mêmes; jusqu'ici nous avons admis que t variait depuis t_0 jusqu'à t_1, et x, y, z depuis $-\infty$ jusqu'à $+\infty$. A ce compte les limites d'intégration seraient altérées par la transformation de Lorentz; mais rien ne nous empêche de supposer $t_0 = -\infty$, $t_1 = +\infty$; avec ces conditions les limites sont les mêmes pour J et pour J'.

Nous avons alors à comparer les deux équations suivantes analogues à l'équation (10) du paragraphe 2 :

$$(2)\qquad \begin{cases} \delta J = -\int \Sigma X\, \delta U\, d\tau\, dt, \\ \delta J' = -\int \Sigma X'\, \delta U'\, d\tau'\, dt'. \end{cases}$$

Pour cela, il faut d'abord comparer $\delta U'$ à δU.

Considérons un électron dont les coordonnées initiales sont x_0, y_0, z_0; ses coordonnées à l'instant t seront

$$x = x_0 + U, \qquad y = y_0 + V, \qquad z = z_0 + W.$$

Si l'on considère l'électron correspondant après la transformation de Lorentz, il aura pour coordonnées

$$x' = kl(x + \varepsilon t), \qquad y' = ly, \qquad z' = lz,$$

où

$$x' = x_0 + U', \qquad y' = y_0 + V', \qquad z' = z_0 + W';$$

mais il n'atteindra ces coordonnées qu'à l'instant

$$t' = kl(t + \varepsilon x).$$

Si nous faisons subir à nos variables des variations δU, δV, δW et que nous donnions en même temps à t un accroissement δt, les coordonnées x, y, z subiront un accroissement total

$$\delta x = \delta U + \xi\, \delta t, \qquad \delta y = \delta V + \eta\, \delta t, \qquad \delta z = \delta W + \zeta\, \delta t.$$

Nous aurons de même

$$\delta x' = \delta U' + \xi' \delta t', \qquad \delta y' = \delta V' + \eta' \delta t', \qquad \delta z' = \delta W' + \zeta' \delta t'$$

et, en vertu de la transformation de Lorentz,

$$\delta x' = kl(\delta x + \varepsilon \delta t), \qquad \delta y' = l \delta y, \qquad \delta z' = l \delta z, \qquad \delta t' = kl(\delta t + \varepsilon \delta x),$$

d'où, en supposant $\delta t = 0$, les relations

$$\begin{aligned} \delta x' &= \delta U' + \xi' \delta t' = kl \delta U, \\ \delta y' &= \delta V' + \eta' \delta t' = l \delta V, \\ \delta t' &= kl\varepsilon \delta U. \end{aligned}$$

Remarquons que

$$\xi' = \frac{\xi + \varepsilon}{1 + \xi\varepsilon}, \qquad \eta' = \frac{\eta}{k(1 + \xi\varepsilon)};$$

il viendra, en remplaçant $\delta t'$ par sa valeur,

$$\begin{aligned} kl(1 + \xi\varepsilon)\delta U &= \delta U'(1 + \xi\varepsilon) + (\xi + \varepsilon) kl\varepsilon \delta U, \\ l(1 + \xi\varepsilon)\delta V &= \delta V'(1 + \xi\varepsilon) + \eta l \varepsilon \delta U. \end{aligned}$$

Si nous nous rappelons la définition de k, nous tirerons de là

$$\delta U = \frac{k}{l} \delta U' + \frac{k\varepsilon}{l} \xi \delta U',$$

$$\delta V = \frac{1}{l} \delta V' + \frac{k\varepsilon}{l} \eta \delta U,$$

et de même

$$\delta W = \frac{1}{l} \delta W' + \frac{k\varepsilon}{l} \zeta \delta U';$$

d'où

$$(3) \qquad \Sigma X \delta U = \frac{1}{l}(kX \delta U' + Y \delta V' + Z \delta W') + \frac{k\varepsilon}{l} \delta U' \Sigma X\xi.$$

Or, en vertu des équations (2), on doit avoir

$$\int \Sigma X' \delta U' dt' d\tau' = \int \Sigma X \delta U \, dt \, d\tau = \frac{1}{l^4} \int \Sigma X \delta U \, dt' d\tau'.$$

En remplaçant $\Sigma X \delta U$ par sa valeur (3) et identifiant, il vient

$$X' = \frac{k}{l^5} X + \frac{k\varepsilon}{l^5} \Sigma X\xi, \qquad Y' = \frac{1}{l^5} Y, \qquad Z' = \frac{1}{l^5} Z.$$

Ce sont les équations (11) du paragraphe 1. Le principe de moindre action nous conduit donc au même résultat que l'analyse du paragraphe 1.

Si nous nous reportons aux formules (1), nous voyons que $\Sigma f^2 - \Sigma \alpha^2$ n'est pas altérée par la transformation de Lorentz, sauf un facteur constant; il n'en est pas de même de l'expression $\Sigma f^2 + \Sigma \alpha^2$ qui figure dans l'énergie. Si nous nous bornons au cas où ε est assez petit pour qu'on en puisse négliger le carré de sorte que $k = 1$ et si nous supposons aussi $l = 1$, nous trouvons

$$\Sigma f'^2 = \Sigma f^2 + 2\varepsilon(g\gamma - h\beta);$$
$$\Sigma \alpha'^2 = \Sigma \alpha^2 + 2\varepsilon(g\gamma - h\beta),$$

ou, par addition,

$$\Sigma f'^2 + \Sigma \alpha'^2 = \Sigma f^2 + \Sigma \alpha^2 + 4\varepsilon(g\gamma - h\beta).$$

4. Le groupe de Lorentz.

Il importe de remarquer que les transformations de Lorentz forment un groupe.

Si l'on pose, en effet,

$$x' = kl(x + \varepsilon t), \quad y' = ly, \quad z' = lz, \quad t' = kl(t + \varepsilon x),$$

et d'autre part

$$x'' = k'l'(x' + \varepsilon' t'), \quad y'' = l'y', \quad z'' = l'z', \quad t'' = k'l'(t' + \varepsilon' x'),$$

avec

$$k^{-2} = 1 - \varepsilon^2, \quad k'^{-2} = 1 - \varepsilon'^2,$$

il viendra

$$x'' = k''l''(x + \varepsilon'' t), \quad y'' = l''y, \quad z'' = l''z, \quad t'' = k''l''(t + \varepsilon'' x),$$

avec

$$\varepsilon'' = \frac{\varepsilon + \varepsilon'}{1 + \varepsilon\varepsilon'}, \quad l'' = ll', \quad k'' = kk'(1 + \varepsilon\varepsilon') = \frac{1}{\sqrt{1 - \varepsilon''^2}}.$$

Si nous donnons à l la valeur 1, que nous supposions ε infiniment petit,

$$x' = x + \delta x, \quad y' = y + \delta y, \quad z' = z + \delta z, \quad t' = t + \delta t,$$

il viendra

$$\delta x = \varepsilon t, \quad \delta y = \delta z = 0; \quad \delta t = \varepsilon x.$$

C'est là la transformation infinitésimale génératrice du groupe, que j'appellerai *la transformation* T_1 et qui, d'après la notation de Lie, peut s'écrire

$$t\frac{\partial\varphi}{\partial x} + x\frac{\partial\varphi}{\partial t} = T_1.$$

Si nous supposons $\varepsilon = 0$ et $l = 1 + \delta l$, nous trouverions au contraire

$$\delta x = x\,\delta l, \qquad \delta y = y\,\delta l, \qquad \delta z = z\,\delta l, \qquad \delta t = t\,\delta l$$

et nous aurions une autre transformation infinitésimale T_0 du groupe (à supposer que l et ε soient regardés comme des variables indépendantes) et l'on aurait avec la notation de Lie

$$T_0 = x\frac{\partial\varphi}{\partial x} + y\frac{\partial\varphi}{\partial y} + z\frac{\partial\varphi}{\partial z} + t\frac{\partial\varphi}{\partial t}.$$

Mais on pourrait faire jouer à l'axe des y ou à celui des z le rôle particulier que nous avons fait jouer à l'axe des x; on aurait ainsi deux autres transformations infinitésimales

$$T_2 = t\frac{\partial\varphi}{\partial y} + y\frac{\partial\varphi}{\partial t},$$

$$T_3 = t\frac{\partial\varphi}{\partial z} + z\frac{\partial\varphi}{\partial t},$$

qui n'altéreraient pas non plus les équations de Lorentz.

On peut former les combinaisons imaginées par Lie, telles que

$$[T_1, T_2] = x\frac{\partial\varphi}{\partial y} - y\frac{\partial\varphi}{\partial x};$$

mais il est aisé de voir que cette transformation équivaut à un changement d'axes de coordonnées, les axes tournant d'un angle très petit autour de l'axe des z. Nous ne devons donc pas nous étonner si un pareil changement n'altère pas la forme des équations de Lorentz, évidemment indépendantes du choix des axes.

Nous sommes donc amenés à envisager un groupe continu que nous appellerons le *groupe de Lorentz* et qui admettra comme transformations infinitésimales :

1° La transformation T_0 qui sera permutable à toutes les autres;
2° Les trois transformations T_1, T_2, T_3;
3° Les trois rotations $[T_1, T_2]$, $[T_2, T_3]$, $[T_3, T_1]$.

Une transformation quelconque de ce groupe pourra toujours se décomposer en une transformation de la forme

$$x' = lx, \qquad y' = ly, \qquad z' = lz, \qquad t' = lt$$

et une transformation linéaire qui n'altère pas la forme quadratique

$$x^2 + y^2 + z^2 - t^2.$$

Nous pouvons encore engendrer notre groupe d'une autre manière. Toute transformation du groupe pourra être regardée comme une transformation de la forme

$$(1) \qquad x' = kl(x + \varepsilon t), \qquad y' = ly, \qquad z' = lz, \qquad t' = kl(t + \varepsilon x)$$

précédée et suivie d'une rotation convenable.

Mais, pour notre objet, nous ne devons considérer qu'une partie des transformations de ce groupe; nous devons supposer que l est une fonction de ε, et il s'agit de choisir cette fonction de façon que cette partie du groupe, que j'appellerai P, forme encore un groupe.

Faisons tourner le système de 180° autour de l'axe des y, nous devrons retrouver une transformation qui devra encore appartenir à P. Or cela revient à changer le signe de x, x', z et z'; on trouve ainsi

$$(2) \qquad x' = kl(x - \varepsilon t), \qquad y' = ly, \qquad z' = lz, \qquad t' = kl(t - \varepsilon x).$$

Donc l ne change pas quand on change ε en $-\varepsilon$.

D'autre part, si P est un groupe, la substitution inverse de (1), qui s'écrit

$$(3) \qquad x' = \frac{k}{l}(x - \varepsilon t), \qquad y' = \frac{y}{l}, \qquad z' = \frac{z}{l}, \qquad t' = \frac{k}{l}(t - \varepsilon x),$$

devra également appartenir à P; elle devra donc être identique à (2), c'est-à-dire que

$$l = \frac{1}{l}.$$

On devra donc avoir $l = 1$.

5. Ondes de Langevin.

M. Langevin a mis sous une forme particulièrement élégante les formules qui définissent le champ électromagnétique produit par le mouvement d'un électron unique.

Reprenons les équations

$$(1)\qquad \square\psi = -\rho, \qquad \square F = -\rho\xi.$$

On sait qu'on peut les intégrer par les potentiels retardés et qu'on a

$$(2)\qquad \psi = \frac{1}{4\pi}\int\frac{\rho_1\,d\tau_1}{r}, \qquad F = \frac{1}{4\pi}\int\frac{\rho_1\xi_1\,d\tau_1}{r}.$$

Dans ces formules on a

$$d\tau_1 = dx_1\,dy_1\,dz_1, \qquad r^2 = (x-x_1)^2 + (y-y_1)^2 + (z-z_1)^2,$$

tandis que ρ_1 et ξ_1 sont les valeurs de ρ et de ξ au point x_1, y_1, z_1 et à l'instant

$$t_1 = t - r.$$

Soient x_0, y_0, z_0 les coordonnées d'une molécule d'électron à l'instant t;

$$x_1 = x_0 + U, \qquad y_1 = y_0 + V, \qquad z_1 = z_0 + W$$

ses coordonnées à l'instant t_1.

U, V, W sont des fonctions de x_0, y_0, z_0, de sorte que nous pourrons écrire

$$dx_1 = dx_0 + \frac{\partial U}{\partial x_0}dx_0 + \frac{\partial U}{\partial y_0}dy_0 + \frac{\partial U}{\partial z_0}dz_0 + \xi_1\,dt_1;$$

et si l'on suppose t constant, ainsi que x, y et z,

$$dt_1 = +\sum\frac{x-x_1}{r}dx_1.$$

Nous pouvons donc écrire

$$dx_1\left(1+\xi_1\frac{x_1-x}{r}\right) + dy_1\,\xi_1\frac{y_1-y}{r} + dz_1\,\xi_1\frac{z_1-z}{r} = dx_0\left(1+\frac{\partial U}{\partial x_0}\right) + dy_0\frac{\partial U}{\partial y_0} + dz_0\frac{\partial U}{\partial z_0}$$

avec les deux autres équations qu'on peut en déduire par permutation circulaire.

Nous avons donc

$$(3)\qquad d\tau_1\left|1+\xi_1\frac{x_1-x}{r}, \quad \xi_1\frac{y_1-y}{r}, \quad \xi_1\frac{z_1-z}{r}\right| = d\tau_0\left|1+\frac{\partial U}{\partial x_0}, \frac{\partial U}{\partial y_0}, \frac{\partial U}{\partial z_0}\right|,$$

en posant

$$d\tau_0 = dx_0\,dy_0\,dz_0.$$

Étudions les déterminants qui figurent dans les deux membres de (3) et d'abord dans le premier membre; si l'on cherche à le développer, on voit que les termes du deuxième et du troisième degré par rapport à ξ_1, η_1, ζ_1 disparaissent et que le déterminant est égal à

$$1+\xi_1\frac{x_1-x}{r}+\eta_1\frac{y_1-y}{r}+\zeta_1\frac{z_1-z}{r}=1+\omega,$$

ω désignant la composante radiale de la vitesse ξ_1, η_1, ζ_1, c'est-à-dire la composante dirigée suivant le rayon vecteur qui va du point x, y, z au point x_1, y_1, z_1.

Pour obtenir le second déterminant, j'envisage les coordonnées des différentes molécules de l'électron à un instant t'_1, qui est le même pour toutes les molécules, mais de telle façon que, pour la molécule que j'envisage, on ait $t_1 = t'_1$. Les coordonnées d'une molécule seront alors

$$x'_1 = x_0 + \mathrm{U}', \qquad y'_1 = y_0 + \mathrm{V}', \qquad z'_1 = z_0 + \mathrm{W}',$$

U′, V′, W′ étant ce que deviennent U, V, W quand on y remplace t_1 par t'_1; comme t'_1 est le même pour toutes les molécules, on aura

$$dx'_1 = dx_0\left(1+\frac{\partial \mathrm{U}'}{\partial x_0}\right)+dy_0\frac{\partial \mathrm{U}'}{\partial y_0}+dz_0\frac{\partial \mathrm{U}'}{\partial z_0}$$

et par conséquent

$$d\tau'_1 = d\tau_0\left|1+\frac{\partial \mathrm{U}'}{\partial x_0},\ \frac{\partial \mathrm{U}'}{\partial y_0},\ \frac{\partial \mathrm{U}'}{\partial z_0}\right|,$$

en posant

$$d\tau'_1 = dx'_1\,dy'_1\,dz'_1.$$

Mais l'élément de charge électrique est

$$d\mu_1 = \rho_1\,d\tau'_1$$

et de plus, *pour la molécule envisagée*, on a $t_1 = t'_1$ et par conséquent $\frac{\partial \mathrm{U}'}{\partial x_0}=\frac{\partial \mathrm{U}}{\partial x_0}$, ...; nous pouvons donc écrire

$$d\mu_1 = \rho_1\,d\tau_0\left|1+\frac{\partial \mathrm{U}}{\partial x_0},\ \frac{\partial \mathrm{U}}{\partial y_0},\ \frac{\partial \mathrm{U}}{\partial z_0}\right|,$$

de sorte que l'équation (3) deviendra

$$\rho_1\,d\tau_1(1+\omega)=d\mu_1$$

et les équations (2)

$$\psi=\frac{1}{4\pi}\int\frac{d\mu_1}{r(1+\omega)}, \qquad \mathrm{F}=\frac{1}{4\pi}\int\frac{\xi_1\,d\mu_1}{r(1+\omega)}.$$

Si nous avons affaire à un électron unique, nos intégrales se réduiront à un seul élément, pourvu que l'on ne considère que des points x, y, z suffisamment éloignés pour que r et ω aient sensiblement la même valeur en tout point de l'électron. Les potentiels ψ, F, G, H dépendront de la position de cet électron, et aussi de sa vitesse, car non seulement ξ_1, η_1, ζ_1 figurent au numérateur dans F, G, H, mais la composante radiale ω figure au dénominateur. Il s'agit bien entendu de sa position et de sa vitesse à l'instant t_1.

Les dérivées partielles de ψ, F, G, H par rapport à t, x, y, z (et par conséquent les champs électrique et magnétique) dépendront en outre de son accélération. De plus, elles en dépendront *linéairement*, puisque dans ces dérivées cette accélération s'introduit par suite d'une différentiation unique.

Langevin a été ainsi conduit à distinguer dans les champs électrique et magnétique les termes qui ne dépendent pas de l'accélération (c'est ce qu'il appelle *l'onde de vitesse*) et ceux qui sont proportionnels à l'accélération (c'est ce qu'il appelle *l'onde d'accélération*) (1).

Le calcul de ces deux ondes est facilité par la transformation de Lorentz. Nous pouvons en effet appliquer cette transformation au système, de façon que la vitesse de l'électron unique envisagé devienne nulle. Nous prendrons pour l'axe des x la direction de cette vitesse avant la transformation, de sorte que, à l'instant t_1,

$$\eta_1 = \zeta_1 = 0,$$

et nous prendrons $\varepsilon = -\xi_1$, de telle façon que

$$\xi'_1 = \eta'_1 = \zeta'_1 = 0.$$

Nous pouvons donc ramener le calcul des deux ondes au cas où la vitesse de l'électron est nulle. Commençons par l'onde de vitesse; nous pouvons remarquer d'abord que cette onde est la même que si le mouvement de l'électron était uniforme.

Si la vitesse de l'électron est nulle, on a

$$\omega = 0, \qquad F = G = H = 0; \qquad \psi = \frac{\mu_1}{4\pi r},$$

---

(1) Cf. *Les Idées modermes sur la constitution de la Matière*, Conférences de la Société française de Physique, 1913. E. G.

μ_1 étant la charge électrique de l'électron. La vitesse ayant été ramenée à zéro par la transformation de Lorentz, nous avons donc

$$F' = G' = H' = 0, \qquad \psi' = \frac{\mu_1}{4\pi r'},$$

r' étant la distance du point x', y', z' au point x'_1, y'_1, z'_1, et par conséquent

$$\alpha' = \beta' = \gamma' = 0,$$

$$f' = \frac{\mu_1(x' - x'_1)}{4\pi r'^3}, \qquad g' = \frac{\mu_1(y' - y'_1)}{4\pi r'^3}, \qquad h' = \frac{\mu_1(z' - z'_1)}{4\pi r'^3}.$$

Faisons maintenant la transformation inverse de celle de Lorentz pour trouver le champ véritable correspondant à une vitesse $-\varepsilon$, 0, 0. Nous trouvons, en nous reportant aux équations (9) et (3) du paragraphe 1,

$$(4) \quad \left\{ \begin{array}{l} \alpha = 0, \qquad \beta = \varepsilon h, \qquad \gamma = -\varepsilon g, \\ f = \dfrac{\mu_1 k l^3}{4\pi r'^3}(x + \varepsilon t - x_1 - \varepsilon t_1), \\ g = \dfrac{\mu_1 k l^3}{4\pi r'^3}(y - y_1), \qquad h = \dfrac{\mu_1 k l^3}{4\pi r'^3}(z - z_1). \end{array} \right.$$

On voit que le champ magnétique est perpendiculaire à l'axe des x (direction de la vitesse) et au champ électrique, et que le champ électrique est dirigé vers le point

$$(5) \qquad x_1 + \varepsilon(t_1 - t), \quad y_1, \quad z_1.$$

Si l'électron continuait à se mouvoir d'un mouvement rectiligne et uniforme avec la vitesse qu'il avait à l'instant t_1, c'est-à-dire avec la vitesse $-\varepsilon$, 0, 0, ce point (5) serait celui qu'il occuperait à l'instant t.

Passons à l'onde d'accélération; nous pouvons, grâce à la transformation de Lorentz, ramener sa détermination au cas où la vitesse est nulle. C'est le cas qui est réalisé si l'on imagine un électron qui exécute des oscillations d'amplitude très petites, mais très rapides, de façon que les déplacements et les vitesses soient infiniment petits, mais que les accélérations soient finies. On retombe ainsi sur le champ qui a été étudié dans le célèbre Mémoire de Hertz intitulé *Die Kräfte elektrischer Schwingungen nach der Maxwell'schen Theorie*, et cela pour un point très éloigné. Dans ces conditions :

1° Les deux champs électrique et magnétique sont égaux entre eux;

2° Ils sont perpendiculaires entre eux;

3° Ils sont perpendiculaires à la normale à la sphère d'onde, c'est-à-dire à la sphère dont le centre est le point x_1, y_1, z_1.

Je dis que ces trois propriétés subsisteront encore quand la vitesse ne sera pas nulle, et pour cela, il me suffit de montrer qu'elles ne sont pas altérées par la transformation de Lorentz.

Soit en effet A l'intensité commune des deux champs, soit

$$(x - x_1) = r\lambda, \qquad (y - y_1) = r\mu, \qquad (z - z_1) = r\nu, \qquad \lambda^2 + \mu^2 + \nu^2 = 1.$$

Ces propriétés s'exprimeront par les égalités

$$A^2 = \Sigma f^2 = \Sigma \alpha^2, \quad \Sigma f\alpha = 0, \quad \Sigma f(x - x_1) = 0, \quad \Sigma \alpha(x - x_1) = 0,$$
$$\Sigma f\lambda = 0, \quad \Sigma \alpha\lambda = 0;$$

ce qui veut dire encore que

$$\frac{b}{A}, \quad \frac{g}{A}, \quad \frac{h}{A},$$
$$\frac{\alpha}{A}, \quad \frac{\beta}{A}, \quad \frac{\gamma}{A},$$
$$\lambda, \quad \mu, \quad \nu$$

sont les cosinus directeurs de trois directions rectangulaires, et l'on en déduit les relations

$$f = \beta\nu - \gamma\mu, \qquad \alpha = h\mu - g\nu$$

ou

$$fr = \beta(z - z_1) - \gamma(y - y_1), \qquad \alpha r = h(y - y_1) - g(z - z_1), \tag{6}$$

avec les équations que l'on en peut déduire par symétrie.

Si nous reprenons les équations (3) du paragraphe 1, nous trouvons

$$\left\{\begin{aligned} x' - x'_1 &= kl[(x - x_1) + \varepsilon(t - t_1)] = kl[(x - x_1) + \varepsilon r], \\ y' - y'_1 &= l(y - y_1), \\ z' - z'_1 &= l(z - z_1). \end{aligned}\right. \tag{7}$$

Nous avons trouvé plus haut (§ 3)

$$l^4(\Sigma f'^2 - \Sigma \alpha'^2) = \Sigma f^2 - \Sigma \alpha^2.$$

Donc $\Sigma f^2 = \Sigma \alpha^2$ entraîne $\Sigma f'^2 = \Sigma \alpha'^2$.

D'autre part, en partant des équations (9) du paragraphe 1, on trouve

$$k \Sigma f' \alpha' = \Sigma f \alpha,$$

ce qui montre que $\Sigma f \alpha = 0$ entraîne $\Sigma f' \alpha' = 0$.

Je dis maintenant que

$$(8) \qquad \Sigma f'(x' - x'_1) = 0, \qquad \Sigma \alpha'(x' - x'_1) = 0.$$

En effet, en vertu des équations (7) [ainsi que des équations (9) du paragraphe 1], les premiers membres des deux équations (8) s'écrivent respectivement

$$\frac{k}{l} \Sigma f(x - x_1) + \frac{k\varepsilon}{l} [fr + \gamma(y - y_1) - \beta(z - z_1)],$$

$$\frac{k}{l} \Sigma \alpha(x - x_1) + \frac{k\varepsilon}{l} [\alpha r - h(y - y_1) + g(z - z_1)].$$

Ils s'annulent donc en vertu des équations

$$\Sigma f(x - x_1) = \Sigma \alpha(x - x_1) = 0$$

et en vertu des équations (6). Or c'est là précisément ce qu'il s'agissait de démontrer.

On peut d'ailleurs arriver au même résultat par de simples considérations d'homogénéité.

En effet, ψ, F, G, H sont des fonctions de $x - x_1$, $y - y_1$, $z - z_1$, $\xi_1 = \frac{dx_1}{dt_1}$, $\eta_1 = \frac{dy_1}{dt_1}$, $\zeta_1 = \frac{dz_1}{dt_1}$ homogènes de degré -1 par rapport à x, y, z, t, x_1, y_1, z_1, t_1 et à leurs différentielles.

Donc les dérivées de ψ, F, G, H par rapport à x, y, z, t (et par conséquent aussi les deux champs f, g, h; α, β, γ) seront homogènes de degré -2 par rapport aux mêmes quantités, si nous nous rappelons d'ailleurs que la relation

$$t - t_1 = r = \sqrt{\Sigma(x - x_1)^2}$$

est homogène par rapport à ces quantités.

Or ces dérivées ou ces champs dépendent des $x - x_1$, des vitesses $\frac{dx_1}{dt_1}$ et des accélérations $\frac{d^2x_1}{dt_1^2}$; ils se composent d'un terme indépendant des accélérations (onde de vitesse) et d'un terme linéaire par rapport aux accélérations (onde d'accélération). Or $\frac{dx_1}{dt_1}$ est homogène de degré 0 et $\frac{d^2x}{dt_1^2}$ homogène de degré -1; d'où il suit que l'onde de vitesse est homogène de degré -2 par rapport à $x-x_1$, $y-y_1$, $z-z_1$ et l'onde d'accélération homogène de degré -1. Donc, en un point très éloigné, l'onde d'accélération est prépondérante et peut par conséquent être regardée comme se confondant avec l'onde totale. De plus, la loi d'homogénéité nous montre que l'onde d'accélération est semblable à elle-même en un point éloigné et en un point quelconque. Elle est donc, en un point quelconque, semblable à l'onde totale en un point éloigné. Or en un point éloigné la perturbation ne peut se propager que par ondes planes, de sorte que les deux champs doivent être égaux, perpendiculaires entre eux et perpendiculaires à la direction de propagation .

Je me bornerai à renvoyer pour plus de détails au Mémoire de M. Langevin dans le *Journal de Physique* (année 1905).

6. Contraction des électrons.

Supposons un électron unique animé d'un mouvement de translation rectiligne et uniforme. D'après ce que nous venons de voir, on peut, grâce à la transformation de Lorentz, ramener l'étude du champ déterminé par cet électron au cas où l'électron serait immobile; la transformation de Lorentz remplace donc l'électron réel en mouvement par un électron idéal immobile.

Soit α, β, γ; f, g, h le champ réel; soit α', β', γ'; f', g', h' ce que devient le champ après la transformation de Lorentz, de sorte que le champ idéal α', f' correspond au cas d'un électron immobile; on a

$$\alpha'=\beta'=\gamma'=0, \qquad f'=-\frac{d\psi'}{dx'}, \qquad g'=-\frac{d\psi'}{dy'}, \qquad h'=-\frac{d\psi'}{dz'};$$

et pour le champ réel [en vertu des formules (9) du paragraphe 1]

$$(1)\qquad \begin{cases} \alpha=0, & \beta=\varepsilon h, & \gamma=-\varepsilon g, \\ f=l^2 f', & g=kl^2 g', & h=kl^2 h'. \end{cases}$$

Il s'agit maintenant de déterminer l'énergie totale due au mouvement de l'électron, l'action correspondante et la quantité de mouvement électromagnétique, afin de pouvoir calculer les masses électromagnétiques de l'électron. Pour un point éloigné, il suffit de considérer l'électron comme réduit à un point unique; on est ainsi ramené aux formules (4) du paragraphe précédent qui généralement peuvent convenir. Mais ici elles ne sauraient suffire, parce que l'énergie est principalement localisée dans les parties de l'éther les plus voisines de l'électron.

On peut faire à ce sujet plusieurs hypothèses.

D'après celle d'Abraham, les électrons seraient sphériques et indéformables.

Alors, quand on appliquerait la transformation de Lorentz, comme l'électron réel serait sphérique, l'électron idéal deviendrait un ellipsoïde. L'équation de cet ellipsoïde serait, d'après le paragraphe 1,

$$k^2(x' - \varepsilon t' - \xi t' + \varepsilon\xi x')^2 + (y' - \eta k t' + \eta k \varepsilon x')^2 + (z' - \zeta k t' + \zeta k \varepsilon x')^2 = l^2 r^2.$$

Mais ici l'on a

$$\xi + \varepsilon = \eta = \zeta = 0, \qquad 1 + \varepsilon\xi = 1 - \varepsilon^2 = \frac{1}{k^2},$$

de sorte que l'équation de l'ellipsoïde devient

$$\frac{x'^2}{k^2} + y'^2 + z'^2 = l^2 r^2.$$

Si le rayon de l'électron réel est r, les axes de l'électron idéal seraient donc

$$klr, \quad lr, \quad lr.$$

Dans l'hypothèse de Lorentz, au contraire, les électrons en mouvement seraient déformés, de telle façon que ce serait l'électron réel qui deviendrait un ellipsoïde, tandis que l'électron idéal immobile serait toujours une sphère de rayon r; les axes de l'électron réel seront alors

$$\frac{r}{lk}, \quad \frac{r}{l}, \quad \frac{r}{l}.$$

Désignons par

$$A = \frac{1}{2}\int f^2\, d\tau$$

l'*énergie électrique longitudinale;* par

$$B = \frac{1}{2}\int (g^2 + h^2)\, d\tau$$

l'*énergie électrique transversale;* par

$$C = \frac{1}{2}\int (\beta^2 + \gamma^2)\, d\tau$$

l'*énergie magnétique transversale.* Il n'y a pas d'énergie magnétique longitudinale, puisque $\alpha = \alpha' = 0$. Désignons par A', B', C' les quantités correspondantes dans le système idéal. On trouve d'abord

$$C' = 0, \qquad C = \varepsilon^2 B.$$

D'autre part, nous pouvons observer que le champ réel dépend seulement de $x + \varepsilon t$, y et z, et écrire

$$d\tau = d(x + \varepsilon t)\, dy\, dz,$$
$$d\tau' = dx'\, dy'\, dz' = k l^3\, d\tau;$$

d'où

$$A' = k l^{-1} A, \qquad B' = k^{-1} l^{-1} B, \qquad A = \frac{l A'}{k}, \qquad B = k l B'.$$

Dans l'hypothèse de Lorentz, on a $B' = 2 A'$, et A', inversement proportionnel au rayon de l'électron, est une constante indépendante de la vitesse de l'électron réel; on trouve ainsi pour l'énergie totale

$$A + B + C = A' l k (3 + \varepsilon^2)$$

et pour l'action (par unité de temps)

$$A + B + C = \frac{3 A' l}{k}.$$

Calculons maintenant la quantité de mouvement électromagnétique; nous trouverons

$$D = \int (g\gamma - h\beta)\, d\tau = -\varepsilon \int (g^2 + h^2)\, d\tau = -2\varepsilon B = -4\varepsilon k l A'.$$

Mais on doit avoir certaines relations entre l'énergie $E = A + B + C$, l'action par unité de temps $H = A + B - C$, et la quantité de mouvement D. La première de ces relations est

$$E = H - \varepsilon \frac{dH}{d\varepsilon},$$

la seconde est

$$\frac{dD}{d\varepsilon} = -\frac{1}{\varepsilon} \frac{dE}{d\varepsilon};$$

d'où

(2) $$D = \frac{dH}{d\varepsilon}, \qquad E = H - \varepsilon D.$$

La seconde des équations (2) est toujours satisfaite; mais la première ne l'est que si

$$l = (1-\varepsilon^2)^{\frac{1}{6}} = k^{-\frac{1}{3}},$$

c'est-à-dire si le volume de l'électron idéal est égal à celui de l'électron réel, ou encore si le volume de l'électron est constant; c'est l'hypothèse de Langevin.

Cela est en contradiction avec le résultat du paragraphe 4 et avec le résultat obtenu par Lorentz par une autre voie. C'est cette contradiction qu'il s'agit d'expliquer.

Avant d'aborder cette explication, j'observe que, quelle que soit l'hypothèse adoptée, nous aurons

$$H = A + B - C = \frac{l}{k}(A' + B'),$$

ou, à cause de $C' = 0$,

(3) $$H = \frac{l}{k} H'.$$

Nous pouvons rapprocher ce résultat de l'équation $J = J'$ obtenue au paragraphe 3.

Nous avons, en effet,

$$J = \int H\,dt, \qquad J' = \int H'\,dt'.$$

Nous observerons que l'état du système dépend seulement de $x + \varepsilon t$, y et z, c'est-à-dire de x', y', z', et que nous avons

$$t' = \frac{l}{k} t + \varepsilon x',$$

(4) $$dt' = \frac{l}{k} dt.$$

En rapprochant les équations (3) et (4), on trouve $J = J'$.

Plaçons-nous dans une hypothèse quelconque, qui pourra être, soit celle de Lorentz, soit celle d'Abraham, soit celle de Langevin, soit une hypothèse intermédiaire.

Soient

$$r, \quad \theta r, \quad \theta r$$

les trois axes de l'électron réel; ceux de l'électron idéal seront

$$klr, \quad \theta lr, \quad \theta lr.$$

Alors $A' + B'$ sera l'énergie électrostatique due à un ellipsoïde ayant pour axes klr, θlr, θlr.

Que l'on suppose l'électricité répandue à la surface de l'électron comme à celle d'un conducteur, ou uniformément répandue à l'intérieur de cet électron, cette énergie sera de la forme

$$A' + B' = \frac{\varphi\left(\frac{\theta}{k}\right)}{klr},$$

où φ est une fonction connue.

L'hypothèse d'Abraham consiste à supposer

$$r = \text{const.}, \qquad \theta = 1.$$

Celle de Lorentz

$$l = 1, \qquad kr = \text{const.}, \qquad \theta = k.$$

Celle de Langevin

$$l = k^{-\frac{1}{3}}, \qquad k = \theta, \qquad klr = \text{const.}$$

On trouve ensuite

$$H = \frac{\varphi\left(\frac{\theta}{k}\right)}{k^2 r}.$$

Abraham trouve, à la différence des notations près (*Göttinger Nachrichten*, 1902, p. 37),

$$H = \frac{a}{r}\,\frac{1-\varepsilon^2}{\varepsilon}\log\frac{1+\varepsilon}{1-\varepsilon},$$

a étant une constante. Or, dans l'hypothèse d'Abraham, on a $\theta = 1$; donc

$$(5) \qquad \varphi\left(\frac{1}{k}\right) = ak^2\,\frac{1-\varepsilon^2}{\varepsilon}\log\frac{1+\varepsilon}{1-\varepsilon} = \frac{a}{\varepsilon}\log\frac{1+\varepsilon}{1-\varepsilon},$$

ce qui définit la fonction φ.

Cela posé, imaginons que l'électron soit soumis à une liaison, de telle façon qu'il y ait une relation entre r et θ; dans l'hypothèse de Lorentz cette relation serait $\theta r =$ const., dans celle de Langevin $\theta^2 r^3 =$ const. Nous supposerons d'une façon plus générale

$$r = b\theta^m,$$

b étant une constante; d'où

$$H = \frac{1}{bk^2}\theta^{-m}\varphi\left(\frac{\theta}{k}\right).$$

Quelle sera la forme que prendra l'électron quand la vitesse deviendra $-\varepsilon t$, *si l'on ne suppose pas l'intervention d'autres forces que celles de liaison?* Cette forme sera définie par l'égalité

$$\frac{dH}{d\theta} = 0, \tag{6}$$

ou

$$-m\theta^{-m-1}\varphi + \theta^{-m}k^{-1}\varphi' = 0,$$

ou

$$\frac{\varphi'}{\varphi} = \frac{mk}{\theta}.$$

Si nous voulons que l'équilibre ait lieu de telle façon que $\theta = k$, il faut que pour $\frac{\theta}{k} = 1$, la dérivée logarithmique de φ soit égale à m.

Si nous développons $\frac{1}{k}$ et le second membre de (5) suivant les puissances de ε, l'équation (5) devient

$$\varphi\left(1 - \frac{\varepsilon^2}{2}\right) = a\left(1 + \frac{\varepsilon^2}{3}\right),$$

en négligeant les puissances supérieures de ε.

En différentiant, il vient

$$-\varepsilon\varphi'\left(1 - \frac{\varepsilon^2}{2}\right) = \frac{2}{3}\varepsilon a.$$

Pour $\varepsilon = 0$, c'est-à-dire quand l'argument de φ est égal à 1, ces équations deviennent

$$\varphi = a, \qquad \varphi' = -\frac{2}{3}a, \qquad \frac{\varphi'}{\varphi} = -\frac{2}{3}. \tag{7}$$

On doit donc avoir $m = -\frac{2}{3}$, conformément à l'hypothèse de Langevin.

Ce résultat doit être rapproché de celui qui est relatif à la première équation (2) et dont en réalité il ne diffère pas. En effet, supposons que tout élément $d\tau$ de l'électron soit soumis à une force $X\,d\tau$ parallèle à l'axe des x, X étant le même pour tous les éléments; nous aurons alors, conformément à la définition de la quantité de mouvement,

$$\frac{dD}{dt} = \int X\, d\tau.$$

D'autre part, le principe de moindre action nous donne

$$\delta J = \int X\, \delta U\, d\tau\, dt, \qquad J = \int H\, dt, \qquad \delta J = \int D\, \delta U\, dt,$$

δU étant le déplacement du centre de gravité de l'électron; H dépend de θ et de ϵ, si l'on admet que r est lié à θ par l'équation de liaison; on a alors

$$\delta J = \int \left(\frac{dH}{d\varepsilon} \delta\varepsilon + \frac{dH}{d\theta} \delta\theta \right) dt.$$

D'autre part, $\delta\varepsilon = -\frac{d\,\delta H}{dt}$; d'où, en intégrant par parties,

$$\int D\, \delta\varepsilon\, dt = \int D\, \delta U\, dt,$$

ou

$$\int \left(\frac{dH}{d\varepsilon} \delta\varepsilon + \frac{dH}{d\theta} \delta\theta \right) dt = \int D\, \delta\varepsilon\, dt;$$

d'où

$$D = \frac{dH}{d\varepsilon}, \qquad \frac{dH}{d\theta} = 0.$$

Mais la dérivée $\frac{dH}{d\varepsilon}$, qui figure dans le second membre de la première équation (2), c'est la dérivée prise en supposant θ exprimé en fonction de ε, de sorte que

$$\frac{dH}{d\varepsilon} = \frac{\partial H}{\partial \varepsilon} + \frac{\partial H}{\partial \theta} \frac{d\theta}{d\varepsilon}.$$

L'équation (2) équivaut donc à l'équation (6).

D'où la conclusion : si l'électron est soumis à une liaison entre ses trois axes, *et si aucune autre force n'intervient en dehors des forces de liaison*, la forme que prendra cet électron, quand il sera animé d'une vitesse uniforme, ne pourra être telle que l'électron idéal correspondant soit une sphère, que dans le cas où la liaison sera la constance du volume, conformément à l'hypothèse de Langevin.

Nous sommes amenés de la sorte à nous poser le problème suivant :

Quelles forces supplémentaires, autres que les forces de liaison, serait-il nécessaire de faire intervenir pour rendre compte de la loi de Lorentz ou, plus généralement, de toute loi autre que celle de Langevin ?

L'hypothèse la plus simple, et la première que nous devions examiner, c'est que ces forces supplémentaires admettent un potentiel spécial dérivant des trois axes de l'ellipsoïde, et par conséquent de θ et de r; soit $F(\theta, r)$ ce potentiel; dans ce cas, l'action aura pour expression

$$J = \int [H + F(\theta, r)]\, dt$$

et les conditions d'équilibre s'écriront

$$\frac{\partial H}{\partial \theta} + \frac{\partial F}{\partial \theta} = 0, \qquad \frac{\partial H}{\partial r} + \frac{\partial F}{\partial r} = 0. \tag{8}$$

Si nous supposons r et θ liés par la liaison $r = b\theta^m$, nous pourrons regarder r comme fonction de θ, envisager F comme ne dépendant que de θ et conserver seulement la première équation (8) avec

$$H = \frac{\varphi}{bk^2\theta^m}, \qquad \frac{dH}{d\theta} = \frac{-m\varphi}{bk^2\theta^{m+1}} + \frac{\varphi'}{bk^3\theta^m}.$$

Il faut que, pour $k = \theta$, l'équation (8) soit satisfaite; ce qui donne, en tenant compte des équations (7),

$$\frac{dF}{d\theta} = \frac{ma}{b\theta^{m+3}} + \frac{2}{3}\frac{a}{b\theta^{m+3}},$$

d'où

$$F = \frac{-a}{b\theta^{m+2}}\,\frac{m + \frac{2}{3}}{m + 2}$$

et dans l'hypothèse de Lorentz, où $m = -1$,

$$F = \frac{a}{3b\theta}.$$

Supposons maintenant qu'il n'y ait *aucune* liaison et, considérant r et θ comme deux variables indépendantes, conservons les deux équations (8); il viendra

$$H = \frac{\varphi}{k^2 r}, \qquad \frac{\partial H}{\partial \theta} = \frac{\varphi'}{k^3 r}, \qquad \frac{\partial H}{\partial r} = \frac{-\varphi}{k^2 r^2}.$$

Les équations (8) doivent être satisfaites pour $k = \theta$, $r = b\theta^m$; ce qui donne

$$\frac{\partial F}{\partial r} = \frac{a}{b^2 \theta^{2m+2}}, \qquad \frac{\partial F}{\partial \theta} = \frac{2}{3}\frac{a}{b\,\theta^{m+3}}. \tag{9}$$

Une des manières de satisfaire à ces conditions est de poser

$$F = A\, r^{\alpha}\theta^{\beta}, \tag{10}$$

A, α et β étant des constantes; les équations (9) doivent être satisfaites pour $k = \theta$, $r = b\,\theta^m$, ce qui donne

$$A\alpha b^{\alpha-1}\theta^{m\alpha-m+\beta} = \frac{a}{b^2\theta^{2m+2}}, \qquad A\beta b^{\alpha}\theta^{m\alpha+\beta-1} = \frac{2}{3}\frac{a}{b\,\theta^{m+1}}.$$

En identifiant, on trouve

$$\alpha = 3\gamma, \qquad \beta = 2\gamma, \qquad \gamma = -\frac{m+2}{3m+2}, \qquad A = \frac{a}{\alpha b^{\alpha+1}}. \tag{11}$$

Mais le volume de l'ellipsoïde est proportionnel à $r^3\theta^2$, de sorte que le potentiel supplémentaire est proportionnel à la puissance γ du volume de l'électron.

Dans l'hypothèse de Lorentz, on a $m = -1$, $\gamma = 1$.

On retrouve donc l'hypothèse de Lorentz *à la condition d'ajouter un potentiel supplémentaire proportionnel au volume de l'électron.*

L'hypothèse de Langevin correspond à $\gamma = \infty$.

7. Mouvement quasi stationnaire.

Il reste à voir si cette hypothèse sur la contraction des électrons rend compte de l'impossibilité de mettre en évidence le mouvement absolu, et je commencerai par étudier le mouvement quasi stationnaire d'un électron isolé, ou soumis seulement à l'action d'autres électrons éloignés.

On sait qu'on appelle *mouvement quasi stationnaire* un mouvement où les variations de la vitesse sont assez lentes pour que les énergies magnétique et électrique dues au mouvement de l'électron diffèrent peu de ce qu'elles seraient dans le mouvement uniforme; on sait également que c'est en partant de cette notion du mouvement quasi stationnaire qu'Abraham est arrivé à celle des masses électromagnétiques transversale et longitudinale.

Je crois devoir préciser. Soit H notre action par unité de temps

$$H = \frac{1}{2}\int(\Sigma f^2 - \Sigma \alpha^2)\,d\tau,$$

où nous ne considérons pour le moment que les champs électrique et magnétique dus au mouvement d'un électron isolé. Au paragraphe précédent, considérant le mouvement comme uniforme, nous regardions H comme dépendant de la vitesse ξ, η, ζ du centre de gravité de l'électron (ces trois composantes, dans le paragraphe précédent, avaient pour valeurs $-\varepsilon$, o, o) et des paramètres r et θ qui définissent la forme de l'électron.

Mais si le mouvement n'est plus uniforme, H dépendra non seulement des valeurs de ξ, η, ζ, r, θ à l'instant considéré, mais des valeurs de ces mêmes quantités à d'autres instants qui pourront en différer de quantités de même ordre que le temps mis par la lumière pour aller d'un point à l'autre de l'électron; en d'autres termes, H dépendra non seulement de ξ, η, ζ, r, θ, mais de leurs dérivées de tous les ordres par rapport au temps.

Eh bien, le mouvement sera dit *quasi stationnaire* quand les dérivées partielles de H par rapport aux dérivées successives de ξ, η, ζ, r, θ seront négligeables devant les dérivées partielles de H par rapport aux quantités ξ, η, ζ, r, θ elles-mêmes.

Les équations d'un pareil mouvement pourront s'écrire

$$(1)\quad \begin{cases} \dfrac{\partial H}{\partial \theta} + \dfrac{\partial F}{\partial \theta} = \dfrac{\partial H}{\partial r} + \dfrac{\partial F}{\partial r} = 0, \\[2ex] \dfrac{d}{dt}\dfrac{\partial H}{\partial \xi} = -\displaystyle\int X\,d\tau, \quad \dfrac{d}{dt}\dfrac{\partial H}{\partial \eta} = -\displaystyle\int Y\,d\tau, \quad \dfrac{d}{dt}\dfrac{\partial H}{\partial \zeta} = -\displaystyle\int Z\,d\tau. \end{cases}$$

Dans ces équations, F a la même signification que dans le paragraphe précédent; X, Y, Z sont les composantes de la force qui agit sur l'électron : cette force étant due uniquement aux champs électrique et magnétique produits par les *autres* électrons.

Observons que H ne dépend de ξ, η, ζ que par l'intermédiaire de la combinaison

$$V = \sqrt{\xi^2 + \eta^2 + \zeta^2},$$

c'est-à-dire de la grandeur de la vitesse; on a donc, en appelant encore D la quantité de mouvement

$$\frac{\partial H}{\partial \xi} = \frac{\partial H}{\partial V}\frac{\xi}{V} = -D\frac{\xi}{V},$$

d'où

(2) $$-\frac{d}{dt}\frac{\partial H}{\partial \xi} = \frac{D}{V}\frac{d\xi}{dt} - D\frac{\xi}{V^2}\frac{dV}{dt} + \frac{dD}{dV}\frac{\xi}{V}\frac{dV}{dt},$$

(2 *bis*) $$-\frac{d}{dt}\frac{\partial H}{\partial \eta} = \frac{D}{V}\frac{d\eta}{dt} - D\frac{\eta}{V^2}\frac{dV}{dt} + \frac{dD}{dV}\frac{\eta}{V}\frac{dV}{dt}$$

avec

(3) $$V\frac{dV}{dt} = \Sigma\xi\frac{d\xi}{dt}.$$

Si nous prenons la direction actuelle de la vitesse pour axe des x, il vient

$$\xi = V, \qquad \eta = \zeta = 0, \qquad \frac{d\xi}{dt} = \frac{dV}{dt};$$

les équations (2) et (2 *bis*) deviennent

$$-\frac{d}{dt}\frac{\partial H}{\partial \xi} = \frac{dD}{dV}\frac{d\xi}{dt}, \qquad -\frac{d}{dt}\frac{\partial H}{\partial \eta} = \frac{D}{V}\frac{d\eta}{dt}$$

et les trois dernières équations (1)

(4) $$\frac{dD}{dV}\frac{d\xi}{dt} = \int X\,d\tau, \qquad \frac{D}{V}\frac{d\eta}{dt} = \int Y\,d\tau, \qquad \frac{D}{V}\frac{d\zeta}{dt} = \int Z\,d\tau.$$

C'est pourquoi Abraham a donné à $\frac{dD}{dV}$ le nom de *masse longitudinale* et à $\frac{D}{V}$ le nom de *masse transversale;* rappelons que $D = \frac{\partial H}{\partial V}$.

Dans l'hypothèse de Lorentz, on a

$$D = -\frac{\partial H}{\partial V} = -\frac{dH}{dV},$$

$\frac{dH}{dV}$ représentant la dérivée par rapport à V, après que r et θ ont été remplacés par leurs valeurs en fonctions de V tirées des deux premières équations (1); on aura d'ailleurs, après cette substitution,

$$H = +A\sqrt{1-V^2}.$$

Nous choisirons les unités de telle façon que le facteur constant A soit égal à 1, et je pose $\sqrt{1 - V^2} = h$, d'où

$$H = +h, \qquad D = \frac{V}{h}, \qquad \frac{dD}{dV} = h^{-3}, \qquad \frac{dD}{dV}\frac{1}{V^2} - \frac{D}{V^3} = h^{-3}.$$

Nous poserons encore

$$M = V\frac{dV}{dt} = \Sigma\xi\frac{d\xi}{dt}, \qquad X_1 = \int X\,d\tau$$

et nous trouverons pour l'équation du mouvement quasi stationnaire

$$h^{-1}\frac{d\xi}{dt} + h^{-3}\xi M = X_1. \tag{5}$$

Voyons ce que deviennent ces équations par la transformation de Lorentz. Nous poserons $1 + \xi\varepsilon = \mu$, et nous aurons d'abord

$$\mu\xi' = \xi + \varepsilon, \qquad \mu\eta' = \frac{\eta}{k}, \qquad \mu\zeta' = \frac{\zeta}{k},$$

d'où l'on tire aisément

$$\mu h' = \frac{h}{k}.$$

Nous avons également

$$dt' = k\mu\,dt.$$

d'où

$$\frac{d\xi'}{dt'} = \frac{d\xi}{dt}\frac{1}{k^3\mu^3}, \qquad \frac{d\eta'}{dt'} = \frac{d\eta}{dt}\frac{1}{k^2\mu^2} - \frac{d\xi}{dt}\frac{\eta\varepsilon}{k^2\mu^3}, \qquad \frac{d\zeta'}{dt'} = \frac{d\zeta}{dt}\frac{1}{k^2\mu^2} - \frac{d\xi}{dt}\frac{\zeta\varepsilon}{k^2\mu^3},$$

d'où encore

$$M' = \frac{d\xi}{dt}\frac{\varepsilon h^2}{k^3\mu^4} + \frac{M}{k^3\mu^3}$$

et

$$h'^{-1}\frac{d\xi'}{dt'} + h'^{-3}\xi' M' = \left[h^{-1}\frac{d\xi}{dt} + h^{-3}(\xi + \varepsilon)M\right]\mu^{-1}, \tag{6}$$

$$h'^{-1}\frac{d\eta'}{dt'} + h'^{-3}\eta' M' = \left(h^{-1}\frac{d\eta}{dt} + h^{-3}\eta M\right)\mu^{-1}k^{-1}. \tag{7}$$

Reportons-nous maintenant aux équations (11 *bis*) du paragraphe 1; on peut y regarder X_1, Y_1, Z_1 comme ayant la même signification que dans les équations (5). D'autre part, nous avons

$$l = 1 \quad \text{et} \quad \frac{\rho'}{\rho} = k\mu;$$

ces équations deviennent donc

$$(8) \qquad \begin{cases} X'_1 = \mu^{-1}(X_1 + \varepsilon \Sigma X_1 \xi), \\ Y'_1 = k^{-1}\mu^{-1} Y_1. \end{cases}$$

Calculons $\Sigma X_1 \xi$ à l'aide des équations (5), nous trouverons

$$\Sigma X_1 \xi = h^{-3} M,$$

d'où

$$(9) \qquad \begin{cases} X'_1 = \mu^{-1}(X_1 + \varepsilon h^{-3} M), \\ Y'_1 = k^{-1}\mu^{-1} Y_1. \end{cases}$$

En comparant les équations (5), (6), (7) et (9), on trouve enfin

$$(10) \qquad \begin{cases} h'^{-1}\dfrac{d\xi'}{dt'} + h'^{-3}\xi' M' = X'_1, \\ h'^{-1}\dfrac{d\eta'}{dt'} + h'^{-3}\eta' M' = Y'_1, \end{cases}$$

ce qui montre que les équations du mouvement quasi stationnaire ne sont pas altérées par la transformation de Lorentz; mais cela ne prouve pas encore que l'hypothèse de Lorentz est la seule qui conduise à ce résultat.

Pour établir ce point, nous allons nous restreindre, ainsi que l'a fait Lorentz, à certains cas particuliers, ce qui nous suffira évidemment pour démontrer une proposition négative.

Comment allons-nous d'abord étendre les hypothèses sur lesquelles reposait le calcul précédent?

1° Au lieu de supposer $l = 1$ dans la transformation de Lorentz, nous supposerons l quelconque;

2° Au lieu de supposer que F est proportionnel au volume, et par conséquent que H est proportionnel à h, nous supposerons que F est une fonction quelconque de θ et de r, de telle façon que [après avoir remplacé θ et r par leurs valeurs en fonction de V, tirées des deux premières équations (1)] H soit une fonction quelconque de V.

J'observe d'abord que, si l'on suppose $H = h$, on devra avoir $l = 1$; et en effet les équations (6) et (7) subsisteront, sauf que les seconds membres seront multipliés par $\frac{1}{l}$; les équations (9) également, sauf que les seconds membres seront multipliés par $\frac{1}{l^2}$; et enfin les équations (10), sauf que les seconds membres seront multipliés par $\frac{1}{l}$. Si l'on veut que les équations du mouvement ne soient pas altérées par la transformation de Lorentz, c'est-à-dire que les équations (10) ne diffèrent des équations (5) que par l'accentuation des lettres, il faut supposer

$$l = 1.$$

Supposons maintenant que l'on ait $\eta = \zeta = 0$, d'où $\xi = V$, $\frac{d\xi}{dt} = \frac{dV}{dt}$; les équations (5) prendront la forme

$$(5 \ bis) \qquad -\frac{d}{dt}\frac{\partial H}{\partial \xi} = \frac{dD}{dV}\frac{d\xi}{dt} = X_1, \qquad -\frac{d}{dt}\frac{\partial H}{\partial \eta} = \frac{D}{V}\frac{d\eta}{dt} = Y_1.$$

Nous pouvons d'ailleurs poser

$$\frac{dD}{dV} = f(V) = f(\xi), \qquad \frac{D}{V} = \varphi(V) = \varphi(\xi).$$

Si les équations du mouvement ne sont pas altérées par la transformation de Lorentz, on devra avoir

$$f(\xi)\frac{d\xi}{dt} = X_1,$$

$$\varphi(\xi)\frac{d\eta}{dt} = Y_1,$$

$$f(\xi')\frac{d\xi'}{dt'} = X'_1 = l^{-2}\mu^{-1}(X_1 + \varepsilon\Sigma X_1\xi) = l^{-2}\mu^{-1}X_1(1+\varepsilon\xi) = l^{-2}X_1,$$

$$\varphi(\xi')\frac{d\eta'}{dt'} = Y'_1 = l^{-2}k^{-1}\mu^{-1}Y_1,$$

et par conséquent

$$(11) \qquad \begin{cases} f(\xi)\dfrac{d\xi}{dt} = l^2 f(\xi')\dfrac{d\xi'}{dt'}, \\ \varphi(\xi)\dfrac{d\eta}{dt} = l^2 k\mu\,\varphi(\xi')\dfrac{d\eta'}{dt'}. \end{cases}$$

Mais nous avons

$$\frac{d\xi'}{dt'} = \frac{d\xi}{dt}\frac{1}{k^3\mu^3}, \qquad \frac{d\eta'}{dt'} = \frac{d\eta}{dt}\frac{1}{k^2\mu^2},$$

d'où

$$f(\xi') = f\left(\frac{\xi+\varepsilon}{1+\xi\varepsilon}\right) = f(\xi)\frac{k^3\mu^3}{l^2},$$

$$\varphi(\xi') = \varphi\left(\frac{\xi+\varepsilon}{1+\xi\varepsilon}\right) = \varphi(\xi)\frac{k\mu}{l^2};$$

d'où, en éliminant l^2, nous trouvons l'équation fonctionnelle

$$k^2\mu^2 \frac{\varphi\left(\frac{\xi+\varepsilon}{1+\xi\varepsilon}\right)}{\varphi(\xi)} = \frac{f\left(\frac{\xi+\varepsilon}{1+\xi\varepsilon}\right)}{f(\xi)},$$

ou, en posant

$$\frac{\varphi(\xi)}{f(\xi)} = \Omega(\xi) = \frac{D}{V\frac{dD}{dV}},$$

celle-ci

$$\Omega\left(\frac{\xi+\varepsilon}{1+\xi\varepsilon}\right) = \Omega(\xi)\frac{1+\varepsilon^2}{(1+\xi\varepsilon)^2},$$

équation qui doit être satisfaite pour toutes les valeurs de ξ et de ε. Pour $\zeta = 0$, on trouve

$$\Omega(\varepsilon) = \Omega(0)(1-\varepsilon^2),$$

d'où

$$D = A\left(\frac{V}{\sqrt{1-V^2}}\right)^m,$$

A étant une constante, et où j'ai fait $\Omega(0) = \frac{1}{m}$.

On trouve alors

$$\varphi(\xi) = \frac{A}{\xi}\left(\frac{\xi}{\sqrt{1-\xi^2}}\right)^m, \qquad \varphi(\xi') = \frac{A\mu}{\xi+\varepsilon}\left(\frac{\xi+\varepsilon}{\sqrt{1-\xi^2}\sqrt{1-\varepsilon^2}}\right)^m.$$

Or $\varphi(\xi') = \varphi(\xi)\frac{k\mu}{l^2}$; donc on a

$$(\xi+\varepsilon)^{m-1}(1+\varepsilon^2)^{-\frac{m}{2}} = -\xi^{m-1}(1-\varepsilon^2)^{-\frac{1}{2}}l^{-2}.$$

Comme l ne doit dépendre que de ε (puisque, s'il y a plusieurs électrons, l doit être le même pour tous les électrons dont les vitesses ξ peuvent être différentes), cette identité ne peut avoir lieu que si l'on a

$$m = 1, \qquad l = 1.$$

Ainsi, *l'hypothèse de Lorentz est la seule qui soit compatible avec l'impossibilité de mettre en évidence le mouvement absolu;* si l'on admet cette impossibilité, il faut admettre que les électrons en mouvement se contractent de façon à devenir des ellipsoïdes de révolution dont deux des axes demeurent constants; il faut donc admettre, comme nous l'avons montré au paragraphe précédent, l'existence d'un potentiel supplémentaire proportionnel au volume de l'électron.

L'analyse de Lorentz se trouve donc pleinement confirmée, mais nous pouvons mieux nous rendre compte de la vraie raison du fait qui nous occupe; cette raison doit être cherchée dans les considérations du paragraphe 4. *Les transformations qui n'altèrent pas les équations du mouvement doivent former un groupe, et cela ne peut avoir lieu que si* $l = 1$. Comme nous ne devons pas pouvoir reconnaître si un électron est en repos ou en mouvement absolu, il faut que, quand il est en mouvement, il subisse une déformation qui doit être précisément celle que lui impose la transformation correspondante du groupe.

8. Mouvement quelconque.

Les résultats précédents ne s'appliquent qu'au mouvement quasi stationnaire, mais il est aisé de les étendre au cas général; il suffit d'appliquer les principes du paragraphe 3, c'est-à-dire de partir du principe de moindre action.

A l'expression de l'action

$$J = \int dt\, d\tau \left(\frac{\Sigma f^2}{2} - \frac{\Sigma \alpha^2}{2} \right),$$

il convient d'ajouter un terme, représentant le potentiel supplémentaire F du paragraphe 6; ce terme prendra évidemment la forme

$$J_1 = \int \Sigma (F)\, dt,$$

où (F) représente la somme des potentiels supplémentaires dus aux différents électrons, chacun d'eux étant proportionnel au volume de l'électron correspondant.

J'écris (F) entre parenthèses pour ne pas confondre avec le vecteur F, G, H.

L'action totale est alors $J + J_1$. Nous avons vu au paragraphe 3 que J n'est pas altéré par la transformation de Lorentz; il faut montrer maintenant qu'il en est de même de J_1.

On a, pour l'un des électrons,

$$(F) = \omega_0 \tau,$$

ω_0 étant un coefficient spécial à l'électron et τ son volume; je puis donc écrire

$$\Sigma(F) = \int \omega_0 \, d\tau,$$

l'intégrale devant être étendue à tout l'espace, mais de telle façon que le coefficient ω_0 soit nul en dehors des électrons, et qu'à l'intérieur de chaque électron il soit égal au coefficient spécial à cet électron. On a alors

$$J_1 = \int \omega_0 \, d\tau \, dt$$

et, après la transformation de Lorentz,

$$J'_1 = \int \omega'_0 \, d\tau' \, dt'.$$

Or on a $\omega_0 = \omega'_0$; car si un point appartient à un électron, le point correspondant après la transformation de Lorentz appartient encore *au même* électron. D'autre part, nous avons trouvé au paragraphe 3

$$d\tau' \, dt' = l^4 \, d\tau \, dt$$

et, puisque nous supposons maintenant $l = 1$,

$$d\tau' \, dt' = d\tau \, dt.$$

On a donc

$$J_1 = J'_1. \qquad \text{C. Q. F. D.}$$

Le théorème est donc général, il nous donne en même temps une solution de la question que nous nous posions à la fin du paragraphe 1 : trouver des forces complémentaires non altérées par la transformation de Lorentz. Le potentiel supplémentaire (F) satisfait à cette condition.

Nous pouvons donc généraliser le résultat énoncé à la fin du paragraphe 1 et écrire :

Si l'inertie des électrons est exclusivement d'origine électromagnétique, s'ils ne sont soumis qu'à des forces d'origine électromagnétique ou aux forces qui engendrent le potentiel supplémentaire (F), *aucune expérience ne pourra mettre en évidence le mouvement absolu.*

Quelles sont alors ces forces qui engendrent le potentiel (F)? Elles peuvent évidemment être assimilées à une pression qui régnerait à l'intérieur de l'électron; tout se passe comme si chaque électron était une capacité creuse soumise à une pression interne constante (indépendante du volume); le travail d'une pareille pression serait évidemment proportionnel aux variations du volume.

Je dois observer toutefois que cette pression est négative. Reprenons l'équation (10) du paragraphe 6, qui, dans l'hypothèse de Lorentz, s'écrit

$$F = A r^3 \theta^2;$$

les équations (11) du paragraphe 6 nous donneront

$$A = \frac{a}{3b^4}.$$

Notre pression est égale à A, à un coefficient constant près, qui d'ailleurs est négatif.

Évaluons maintenant la masse de l'électron, je veux parler de la « masse expérimentale », c'est-à-dire de la masse pour des vitesses faibles; on a (*cf.* § 6)

$$H = \frac{\varphi\left(\frac{\theta}{k}\right)}{k^2 r}, \qquad \theta = k, \qquad \varphi = a, \qquad \theta r = b;$$

d'où

$$H = \frac{a}{bk} = \frac{a}{b}\sqrt{1 - V^2}.$$

Pour V très petit, je puis écrire

$$H = \frac{a}{b}\left(1 - \frac{V^2}{2}\right),$$

de sorte que la masse, tant longitudinale que transversale, sera $\frac{a}{b}$.

Or a est une constante numérique, ce qui montre que *la pression qui engendre notre potentiel supplémentaire est proportionnelle à la quatrième puissance de la masse expérimentale de l'électron.*

Comme l'attraction newtonienne est proportionnelle à cette masse expérimentale, on est tenté de conclure qu'il y a quelque relation entre la cause qui engendre la gravitation et celle qui engendre ce potentiel supplémentaire.

9. Hypothèses sur la Gravitation.

Ainsi la théorie de Lorentz expliquerait complètement l'impossibilité de mettre en évidence le mouvement absolu, si toutes les forces étaient d'origine électromagnétique.

Mais il y a des forces auxquelles on ne peut pas attribuer une origine électromagnétique comme par exemple la gravitation. Il peut arriver, en effet, que deux systèmes de corps produisent des champs électromagnétiques équivalents, c'est-à-dire exerçant la même action sur des corps électrisés et sur des courants, et que cependant ces deux systèmes n'exercent pas la même action gravifique sur les masses newtoniennes. Le champ gravifique est donc distinct du champ électromagnétique. Lorentz a donc été obligé de compléter son hypothèse en supposant que *les forces de toute origine, et en particulier la gravitation, sont affectées par une translation* (ou, si l'on aime mieux, par la transformation de Lorentz) *de la même manière que les forces électromagnétiques.*

Il convient maintenant d'entrer dans les détails et d'examiner de plus près cette hypothèse. Si nous voulons que la force newtonienne soit affectée de cette façon par la transformation de Lorentz, nous ne pouvons plus admettre que cette force dépend uniquement de la position relative du corps attirant et du corps attiré à l'instant considéré. Elle devra dépendre en outre des vitesses des deux corps. Et ce n'est pas tout : il sera naturel de supposer que la force qui agit à l'instant t sur le corps attiré dépend de la position et de la vitesse de ce corps à ce même instant t; mais elle dépendra, en outre, de la position et de la vitesse du corps *attirant*, non pas à l'instant t, mais à *un instant antérieur*, comme si la gravitation avait mis un certain temps à se propager.

Envisageons donc la position du corps attiré à l'instant t_0 et soient, à cet instant, x_0, y_0, z_0 ses coordonnées, ξ, η, ζ les composantes de sa vitesse; considérons d'autre part le corps attirant à l'instant correspondant $t_0 + t$ et soient, à cet instant $x_0 + x$, $y_0 + y$, $z_0 + z$ ses coordonnées, ξ_1, η_1, ζ_1 les composantes de sa vitesse.

Nous devons d'abord avoir une relation

$$\varphi(t, x, y, z, \xi, \eta, \zeta, \xi_1, \eta_1, \zeta_1) = 0 \tag{1}$$

pour définir le temps t. Cette relation définira la loi de la propagation de l'action gravifique (je ne m'impose nullement la condition que la propagation se fasse avec la même vitesse dans tous les sens).

Soient maintenant X_1, Y_1, Z_1 les trois composantes de l'action exercée à l'instant t sur le corps attiré; il s'agit d'exprimer X_1, Y_1, Z_1

en fonctions de

$$t,\ x,\ y,\ z,\ \xi,\ \eta,\ \zeta,\ \xi_1,\ \eta_1,\ \zeta_1. \tag{2}$$

Quelles sont les conditions à remplir?

1° La condition (1) ne devra pas être altérée par les transformations du groupe de Lorentz.

2° Les composantes X_1, Y_1, Z_1 devront être affectées par les transformations de Lorentz de la même manière que les forces électromagnétiques désignées par les mêmes lettres, c'est-à-dire conformément aux équations (11 *bis*) du paragraphe 1.

3° Quand les deux corps seront au repos, on devra retomber sur la loi ordinaire de l'attraction.

Il importe de remarquer que, dans ce dernier cas, la relation (1) disparaît, car le temps t ne joue plus aucun rôle si les deux corps sont au repos.

Le problème ainsi posé est évidemment indéterminé. Nous chercherons donc à satisfaire autant que possible à d'autres conditions complémentaires.

4° Les observations astronomiques ne semblant pas montrer de dérogation sensible à la loi de Newton, nous choisirons la solution qui s'écarte le moins de cette loi, pour de faibles vitesses des deux corps.

5° Nous nous efforcerons de nous arranger de façon que t soit toujours négatif; si en effet on conçoit que l'effet de la gravitation demande un certain temps pour se propager, il serait plus difficile de comprendre comment cet effet pourrait dépendre de la position *non encore atteinte* par le corps attirant.

Il y a un cas où l'indétermination du problème disparaît; c'est celui où les deux corps sont en repos *relatif* l'un par rapport à l'autre, c'est-à-dire où

$$\xi = \xi_1, \qquad \eta = \eta_1, \qquad \zeta = \zeta_1;$$

c'est donc le cas que nous allons examiner d'abord, en supposant que ces vitesses sont constantes, de telle sorte que les deux corps sont entraînés dans un mouvement de translation commun, rectiligne et uniforme.

Nous pourrons supposer que l'axe des x a été pris parallèle à cette translation, de telle façon que $\eta = \zeta = 0$, et nous prendrons $\varepsilon = -\xi$.

Si, dans ces conditions, nous appliquons la transformation de

Lorentz, après la transformation les deux corps seront au repos et l'on aura

$$\xi' = \eta' = \zeta' = 0.$$

Alors les composantes X'_1, Y'_1, Z'_1 devront être conformes à la loi de Newton et l'on aura, à un facteur constant près,

$$(3)\qquad \begin{cases} X'_1 = -\dfrac{x'}{r'^3}, \qquad Y'_1 = -\dfrac{y'}{r'^3}, \qquad Z'_1 = -\dfrac{z'}{r'^3}, \\ r'^2 = x'^2 + y'^2 + z'^2. \end{cases}$$

Mais on a, d'après le paragraphe 1,

$$x' = k(x + \varepsilon t), \qquad y' = y, \qquad z' = z, \qquad t' = k(t + \varepsilon x),$$

$$\frac{\rho'}{\rho} = k(1 + \xi\varepsilon) = k(1 - \varepsilon^2) = \frac{1}{k}, \qquad \Sigma X_1 \xi = -X_1 \varepsilon,$$

$$X'_1 = k\frac{\rho}{\rho'}(X_1 + \varepsilon \Sigma X_1 \xi) = k^2 X_1 (1 - \varepsilon^2) = X_1,$$

$$Y'_1 = \frac{\rho}{\rho'} Y_1 = k Y_1,$$

$$Z'_1 = k Z_1.$$

On a d'ailleurs

$$x + \varepsilon t = x - \xi t, \qquad r'^2 = k^2 (x - \xi t)^2 + y^2 + z^2$$

et

$$(4)\qquad X_1 = \frac{-k(x - \xi t)}{r'^3}, \qquad Y_1 = \frac{-y}{k r'^3}, \qquad Z_1 = \frac{-z}{k r'^3};$$

ce qui peut s'écrire

$$(4\ bis)\qquad X_1 = \frac{\partial V}{\partial x}, \qquad Y_1 = \frac{\partial V}{\partial y}, \qquad Z_1 = \frac{\partial V}{\partial z}; \qquad V = \frac{1}{k r'}.$$

Il semble d'abord que l'indétermination subsiste, puisque nous n'avons fait aucune hypothèse sur la valeur de t, c'est-à-dire sur la rapidité de la transmission; et que d'ailleurs x est fonction de t; mais il est aisé de voir que $x - \xi t$, y, z, qui figurent seuls dans nos formules, ne dépendent pas de t.

On voit que si les deux corps sont simplement animés d'une translation commune, la force qui agit sur le corps attiré est normale à un ellipsoïde ayant pour centre le corps attirant.

Pour aller plus loin, il faut chercher les *invariants du groupe de Lorentz*.

Nous savons que les substitutions de ce groupe (en supposant $l = 1$) sont les substitutions linéaires qui n'altèrent pas la forme quadratique

$$x^2 + y^2 + z^2 - t^2.$$

Posons, d'autre part,

$$\xi = \frac{\delta x}{\delta t}, \qquad \eta = \frac{\delta y}{\delta t}, \qquad \zeta = \frac{\delta z}{\delta t};$$
$$\xi_1 = \frac{\delta_1 x}{\delta_1 t}, \qquad \eta_1 = \frac{\delta_1 y}{\delta_1 t}, \qquad \zeta_1 = \frac{\delta_1 z}{\delta_1 t};$$

nous voyons que la transformation de Lorentz aura pour effet de faire subir à $\delta x, \delta y, \delta z, \delta t$ et à $\delta_1 x, \delta_1 y, \delta_1 z, \delta_1 t$ les mêmes substitutions linéaires qu'à x, y, z, t.

Regardons

$$x, \quad y, \quad z, \quad t\sqrt{-1},$$
$$\delta x, \quad \delta y, \quad \delta z, \quad \delta t\sqrt{-1},$$
$$\delta_1 x, \quad \delta_1 y, \quad \delta_1 z, \quad \delta_1 t\sqrt{-1},$$

comme les coordonnées de trois points P, P′, P″ dans l'espace à quatre dimensions. Nous voyons que la transformation de Lorentz n'est qu'une rotation de cet espace autour de l'origine, regardée comme fixe. Nous n'aurons donc pas d'autres invariants distincts que les six distances des trois points P, P′, P″ entre eux et à l'origine, ou, si l'on aime mieux, que les deux expressions

$$x^2 + y^2 + z^2 - t^2, \quad x\,\delta x + y\,\delta y + z\,\delta z - t\,\delta t,$$

ou les quatre expressions de même forme qu'on en déduit en permutant d'une manière quelconque les trois points P, P′, P″.

Mais ce que nous cherchons ce sont les fonctions des dix variables (2) qui sont des invariants; nous devons donc, parmi les combinaisons de nos six invariants, rechercher celles qui ne dépendent que de ces dix variables, c'est-à-dire celles qui sont homogènes de degré 0 tant par rapport à $\delta x, \delta y, \delta z, \delta t$, que par rapport à $\delta_1 x, \delta_1 y, \delta_1 z, \delta_1 t$. Il nous restera ainsi quatre invariants distincts, qui sont

$$(5) \qquad \Sigma x^2 - t^2, \qquad \frac{t - \Sigma x\xi}{\sqrt{1 - \Sigma \xi^2}}, \qquad \frac{t - \Sigma x\xi_1}{\sqrt{1 - \Sigma \xi_1^2}}, \qquad \frac{1 - \Sigma \xi\xi_1}{\sqrt{(1 - \Sigma \xi^2)(1 - \Sigma \xi_1^2)}}.$$

Occupons-nous maintenant des transformations subies par les

composantes de la force; reprenons les équations (11) du paragraphe 1, qui se rapportent non à la force X_1, Y_1, Z_1, que nous considérons ici, mais à la force X, Y, Z rapportée à l'unité de volume. Posons d'ailleurs

$$T = \Sigma X \xi;$$

nous verrons que ces équations (11) peuvent s'écrire ($l = 1$)

$$(6) \qquad \left\{ \begin{array}{ll} X' = k(X + \varepsilon T), & T' = k(T + \varepsilon X), \\ Y' = Y, & Z' = Z; \end{array} \right.$$

de sorte que X, Y, Z, T subissent la même transformation que x, y; z, t. Les invariants du groupe seront donc

$$\Sigma X^2 - T^2, \qquad \Sigma X x - T t, \qquad \Sigma X \delta x - T \delta t, \qquad \Sigma X \delta_1 x - T \delta_1 t.$$

Mais ce n'est pas de X, Y, Z que nous avons besoin, c'est de X_1, Y_1, Z_1, avec

$$T_1 = \Sigma X_1 \xi.$$

Nous voyons que

$$\frac{X_1}{X} = \frac{Y_1}{Y} = \frac{Z_1}{Z} = \frac{T_1}{T} = \frac{1}{\rho}.$$

Donc la transformation de Lorentz agira sur X_1, Y_1, Z_1, T_1 de la même manière que sur X, Y, Z, T, avec cette différence que ces expressions seront en outre multipliées par

$$\frac{\rho}{\rho'} = \frac{1}{k(1 + \xi\varepsilon)} = \frac{\delta t}{\delta t'}.$$

De même elle agira sur ξ, η, ζ, 1, de la même manière que sur δx, δy, δz, δt, avec cette différence que ces expressions seront en outre multipliées par le *même* facteur

$$\frac{\delta t}{\delta t'} = \frac{1}{k(1 + \xi\varepsilon)}.$$

Considérons alors X, Y, Z, $T\sqrt{-1}$ comme les coordonnées d'un quatrième point Q; alors les invariants seront les fonctions des distances mutuelles des cinq points

$$O, \quad P, \quad P', \quad P'', \quad Q$$

et parmi ces fonctions nous devons conserver seulement celles qui sont homogènes de degré o, d'une part par rapport à

$$X, \quad Y, \quad Z, \quad T, \quad \delta x, \quad \delta y, \quad \delta z, \quad \delta t$$

(variables que l'on peut remplacer ensuite par $X_1, Y_1, Z_1, T_1, \xi, \eta, \zeta, 1$), d'autre part par rapport à

$$\delta_1 x, \quad \delta_1 y, \quad \delta_1 z, \quad 1$$

(variables que l'on peut remplacer ensuite par $\xi_1, \eta_1, \zeta_1, 1$).

Nous trouvons ainsi, outre les quatre invariants (5), quatre invariants distincts nouveaux, qui sont

$$(7) \quad \frac{\Sigma X_1^2 - T_1^2}{1 - \Sigma \xi^2}, \quad \frac{\Sigma X_1 x - T_1 t}{\sqrt{1 - \Sigma \xi^2}}, \quad \frac{\Sigma X_1 \xi_1 - T_1}{\sqrt{1 - \Sigma \xi^2}\sqrt{1 - \Sigma \xi_1^2}}, \quad \frac{\Sigma X_1 \xi - T_1}{1 - \Sigma \xi^2}.$$

Le dernier invariant est toujours nul, d'après la définition de T_1.

Cela posé, quelles sont les conditions à remplir?

1° Le premier membre de la relation (1), qui définit la vitesse de propagation, doit être une fonction des quatre invariants (5).

On peut faire évidemment une foule d'hypothèses; nous n'en examinerons que deux :

A. On peut avoir

$$\Sigma x^2 - t^2 = r^2 - t^2 = 0,$$

d'où $t = \pm r$, et, puisque t doit être négatif, $t = -r$. Cela veut dire que la vitesse de propagation est égale à celle de la lumière. Il semble d'abord que cette hypothèse doive être rejetée sans examen. Laplace a montré en effet que la propagation est, ou bien instantanée, ou beaucoup plus rapide que celle de la lumière. Mais Laplace avait examiné l'hypothèse de la vitesse finie de propagation, *ceteris non mutatis;* ici, au contraire, cette hypothèse est compliquée de beaucoup d'autres, et il peut se faire qu'il y ait entre elles une compensation plus ou moins parfaite, comme celles dont les applications de la transformation de Lorentz nous ont déjà donné tant d'exemples.

B. On peut avoir

$$\frac{t - \Sigma x \xi_1}{\sqrt{1 - \Sigma \xi_1^2}} = 0, \qquad t = \Sigma x \xi_1.$$

La vitesse de propagation est alors beaucoup plus rapide que celle de la lumière; mais, dans certains cas, t pourrait être négatif, ce qui, comme nous l'avons dit, ne paraît guère admissible. *Nous nous en tiendrons donc à l'hypothèse* (A).

2° Les quatre invariants (7) doivent être des fonctions des invariants (5).

3° Quand les deux corps sont en repos absolu, X_1, Y_1, Z_1 doivent avoir la valeur déduite de la loi de Newton, et quand ils sont en repos relatif, la valeur déduite des équations (4).

Dans l'hypothèse du repos absolu, les deux premiers invariants (7) doivent se réduire à

$$\Sigma X_1^2, \quad \Sigma X_1 x,$$

ou, par la loi de Newton, à

$$\frac{1}{r^4}, \quad -\frac{1}{r};$$

d'autre part, dans l'hypothèse (A), le deuxième et le troisième des invariants (5) deviennent

$$\frac{-r - \Sigma x\xi}{\sqrt{1 - \Sigma \xi^2}}, \quad \frac{-r - \Sigma x\xi_1}{\sqrt{1 - \Sigma \xi_1^2}},$$

c'est-à-dire, pour le repos absolu, à

$$-r, \quad -r.$$

Nous pouvons donc admettre *par exemple* que les deux premiers invariants (4) se réduisent à

$$\frac{(1 - \Sigma \xi_1^2)^2}{(r + \Sigma x\xi_1)^4}, \quad -\frac{\sqrt{1 - \Sigma \xi_1^2}}{r + \Sigma x\xi_1};$$

mais d'autres combinaisons sont possibles.

Il faut faire un choix entre ces combinaisons, et, d'autre part, pour définir X_1, Y_1, Z_1, il nous faut une troisième équation. Pour un pareil choix, nous devons nous efforcer de nous rapprocher autant que possible de la loi de Newton. Voyons donc ce qui se passe quand (faisant toujours $t = -r$) on néglige les carrés des vitesses ξ, η, ... Les quatre invariants (5) deviennent alors

$$0, \quad -r - \Sigma x\xi, \quad -r - \Sigma x\xi_1, \quad 1$$

et les quatre invariants (7)

$$\Sigma X_1^2, \quad \Sigma X_1(x - \xi r), \quad \Sigma X_1(\xi_1 - \xi), \quad 0.$$

Mais pour pouvoir comparer avec la loi de Newton, une autre transformation est nécessaire; ici $x_0 + x$, $y_0 + y$, $z_0 + z$ représentent les coordonnées du corps attirant à l'instant $t_0 + t$, et $r = \sqrt{\Sigma x^2}$; dans la loi de Newton, il faut envisager les coordonnées $x_0 + x_1$, $y_0 + y_1$, $z_0 + z_1$ du corps attirant à l'instant t_0, et la distance $r_1 = \sqrt{\Sigma x_1^2}$.

Nous pouvons négliger le carré du temps t nécessaire à la propagation et par conséquent faire comme si le mouvement était uniforme; nous avons alors

$$x = x_1 + \xi_1 t, \qquad y = y_1 + \eta_1 t, \qquad z = z_1 + \zeta_1 t,$$
$$r(r - r_1) = \Sigma x \xi_1 t;$$

ou, puisque $t = -r$,

$$x = x_1 - \xi_1 r, \qquad y = y_1 - \eta_1 r, \qquad z = z_1 - \zeta_1 r, \qquad r = r_1 - \Sigma x \xi_1;$$

de sorte que nos quatre invariants (5) deviennent

$$0, \quad -r_1 + \Sigma x(\xi_1 - \xi), \quad -r_1, \quad 1$$

et nos quatre invariants (7)

$$\Sigma X_1^2, \quad \Sigma X_1[x_1 + (\xi - \xi_1) r_1], \quad \Sigma X_1(\xi_1 - \xi), \quad 0.$$

Dans la seconde de ces expressions j'ai écrit r_1 au lieu de r, parce que r est multiplié par $\xi - \xi_1$ et que je néglige le carré de ξ.

D'autre part, la loi de Newton nous donnerait, pour ces quatre invariants (7),

$$\frac{1}{r_1^4}, \quad -\frac{1}{r_1} - \frac{\Sigma x_1(\xi - \xi_1)}{r_1^2}, \quad \frac{\Sigma x_1(\xi - \xi_1)}{r_1^3}, \quad 0.$$

Si donc nous appelons A et B, le deuxième et le troisième des invariants (5), et M, N, P les trois premiers invariants (7), nous satisferons à la loi de Newton, aux termes près de l'ordre du carré des vitesses, en faisant

$$M = \frac{1}{B^4}, \qquad N = \frac{+A}{B^2}, \qquad P = \frac{A - B}{B^3}. \tag{8}$$

Cette solution n'est pas unique. Soit en effet C le quatrième invariant (5), C — 1 est de l'ordre du carré de ξ, et il en est de même de $(A - B)^2$.

Nous pourrions donc ajouter aux deuxièmes membres de chacune des équations (8) un terme formé de $C - 1$ multiplié par une fonction arbitraire de A, B, C et un terme formé de $(A - B)^2$ multiplié également par une fonction de A, B, C.

Au premier abord, la solution (8) paraît la plus simple; elle ne peut néanmoins être adoptée; en effet, comme M, N, P sont des fonctions de X_1, Y_1, Z_1 et de $T_1 = \Sigma X_1 \xi$, on peut tirer de ces trois équations (8) les valeurs de X_1, Y_1, Z_1; mais, dans certains cas, ces valeurs deviendraient imaginaires.

Pour éviter cet inconvénient, nous opérerons d'une autre manière. Posons

$$k_0 = \frac{1}{\sqrt{1 - \Sigma \xi^2}}, \qquad k_1 = \frac{1}{\sqrt{1 - \Sigma \xi_1^2}},$$

ce qui est justifié par l'analogie avec la notation

$$k = \frac{1}{\sqrt{1 - \varepsilon^2}}$$

qui figure dans la substitution de Lorentz.

Dans ce cas, et à cause de la condition $-r = t$, les invariants (5) deviennent

$$(\text{o}) \qquad A = -k_0(r + \Sigma x \xi), \qquad B = -k_1(r + \Sigma x \xi_1), \qquad C = k_0 k_1 (1 - \Sigma \xi \xi_1).$$

D'autre part, nous voyons que les systèmes suivants de quantités

$$\begin{array}{cccc} x, & y, & z, & -r = t, \\ k_0 X_1, & k_0 Y_1, & k_0 Z_1, & k_0 T_1, \\ k_0 \xi, & k_0 \eta, & k_0 \zeta, & k_0, \\ k_1 \xi_1, & k_1 \eta_1, & k_1 \zeta_1, & k_1 \end{array}$$

subissent les *mêmes* substitutions linéaires quand on leur applique les transformations du groupe de Lorentz. Nous sommes donc conduits à poser

$$(9) \qquad \begin{cases} X_1 = x \dfrac{\alpha}{k_0} + \xi \beta + \xi_1 \dfrac{k_1}{k_0} \gamma, \\ Y_1 = y \dfrac{\alpha}{k_0} + \eta \beta + \eta_1 \dfrac{k_1}{k_0} \gamma, \\ Z_1 = z \dfrac{\alpha}{k_0} + \zeta \beta + \zeta_1 \dfrac{k_1}{k_0} \gamma, \\ T_1 = -r \dfrac{\alpha}{k_0} + \beta + \dfrac{k_1}{k_0} \gamma. \end{cases}$$

Il est clair que si α, β, γ sont des invariants, X_1, Y_1, Z_1, T_1 satisferont à la condition fondamentale, c'est-à-dire subiront, par l'effet de transformations de Lorentz, une substitution linéaire convenable.

Mais pour que les équations (9) soient compatibles, il faut que l'on ait

$$\Sigma X_1 \xi - T_1 = 0,$$

ce qui, en remplaçant X_1, Y_1, Z_1, T_1 par leurs valeurs (9) et en multipliant par k_0^2 devient

$$(10) \qquad -A\alpha - \beta - C\gamma = 0.$$

Ce que nous voulons, c'est que si l'on néglige, devant le carré de la vitesse de la lumière, les carrés des vitesses ξ, etc., ainsi que le produit des accélérations par les distances, comme nous l'avons fait plus haut, les valeurs de X_1, Y_1, Z_1 restent conformes à la loi de Newton.

Nous pourrons prendre

$$\beta = 0, \qquad \gamma = -\frac{A\alpha}{C}.$$

Avec l'ordre d'approximation adopté, on a

$$k_0 = k_1 = 1, \qquad C = 1, \qquad A = -r_1 + \Sigma x(\xi_1 - \xi), \qquad B = -r_1,$$
$$x = x_1 + \xi_1 t = x_1 - \xi_1 r.$$

La première équation (9) devient alors

$$X_1 = \alpha(x - A\xi_1).$$

Mais si l'on néglige le carré de ξ, on peut remplacer $A\xi_1$ par $-r_1\xi_1$ ou encore par $-r\xi$, ce qui donne

$$X_1 = \alpha(x + \xi_1 r) = \alpha x_1.$$

La loi de Newton donnerait

$$X_1 = -\frac{x_1}{r_1^3}.$$

Nous devons donc choisir, pour l'invariant α, celui qui se réduit à $-\frac{1}{r_1^3}$ à l'ordre d'approximation adopté, c'est-à-dire $\frac{1}{B^3}$. Les équations (9) deviendront

$$(11)\quad \begin{cases} X_1 = \dfrac{x}{k_0 B^3} - \xi_1 \dfrac{k_1}{k_0} \dfrac{A}{B^3 C}, \\ Y_1 = \dfrac{y}{k_0 B^3} - \eta_1 \dfrac{k_1}{k_0} \dfrac{A}{B^3 C}, \\ Z_1 = \dfrac{z}{k_0 B^3} - \zeta_1 \dfrac{k_1}{k_0} \dfrac{A}{B^3 C}, \\ T_1 = -\dfrac{r}{k_0 B^3} - \dfrac{k_1}{k_0} \dfrac{A}{B^3 C}. \end{cases}$$

Nous voyons d'abord que l'attraction corrigée se compose de deux composantes; l'une parallèle au vecteur qui joint les positions des deux corps, l'autre parallèle à la vitesse du corps attirant.

Rappelons que quand nous parlons de la position ou de la vitesse du corps attirant, il s'agit de sa position ou de sa vitesse au moment où l'onde gravifique le quitte; pour le corps attiré, au contraire, il s'agit de sa position ou de sa vitesse du moment où l'onde gravifique l'atteint, cette onde étant supposée se propager avec la vitesse de la lumière.

Je crois qu'il serait prématuré de vouloir pousser plus loin la discussion de ces formules; je me bornerai donc à quelques remarques.

1° Les solutions (11) ne sont pas uniques; on peut, en effet, remplacer $\frac{1}{B^3}$, qui entre en facteur partout, par

$$\frac{1}{B^3} + (C-1) f_1(A, B, C) + (A - B)^2 f_2(A, B, C),$$

f_1 et f_2 étant des fonctions arbitraires de A, B, C, ou encore ne plus prendre β nul, mais ajouter à α, β, γ des termes complémentaires quelconques, pourvu qu'ils satisfassent à la condition (10) et qu'ils soient du deuxième ordre par rapport aux ξ, en ce qui concerne α, et du premier ordre en ce qui concerne β et γ.

2° La première équation (11) peut s'écrire

$$(11\ bis)\quad X_1 = \frac{k_1}{B^3 C} [x(1 - \Sigma \xi \xi_1) + \xi_1 (r + \Sigma x \xi)]$$

et la quantité entre crochets peut, elle-même, s'écrire

$$(12)\quad (x + r\xi_1) + \eta (\xi_1 y - x \eta_1) + \zeta (\xi_1 z - x \zeta_1),$$

de sorte que la force totale peut être partagée en trois composantes correspondant aux trois parenthèses de l'expression (12); la première composante a une vague analogie avec la force mécanique due au champ électrique, les deux autres avec la force mécanique due au champ magnétique; pour compléter l'analogie, je puis, en vertu de la première remarque, remplacer dans les équations (11) $\frac{1}{B^3}$ par $\frac{C}{B^3}$, de façon que X_1, Y_1, Z_1 ne dépendent plus que linéairement de la vitesse ξ, η, ζ du corps attiré, puisque C a disparu du dénominateur de (11 *bis*).

Posons alors

$$(13)\quad \begin{cases} k_1(x+r\xi_1)=\lambda, & k_1(y+r\eta_1)=\mu, & k_1(z+r\zeta_1)=\nu, \\ k_1(\eta_1 z-\zeta_1 y)=\lambda', & k_1(\zeta_1 x-\xi_1 z)=\mu', & k_1(\xi_1 y-x\eta_1)=\nu'; \end{cases}$$

il viendra, C ayant disparu du dénominateur de (11 *bis*),

$$(14)\quad \begin{cases} X_1=\dfrac{\lambda}{B^3}+\dfrac{\eta\nu'-\zeta\mu'}{B^3}, \\ Y_1=\dfrac{\mu}{B^3}+\dfrac{\zeta\lambda'-\xi\nu'}{B^3}, \\ Z_1=\dfrac{\nu}{B^3}+\dfrac{\xi\mu'-\eta\lambda'}{B^3}; \end{cases}$$

et l'on aura d'ailleurs

$$(15)\quad B^2=\Sigma\lambda^2-\Sigma\lambda'^2.$$

Alors λ, μ, ν, ou $\frac{\lambda}{B^3}$, $\frac{\mu}{B^3}$, $\frac{\nu}{B^3}$, est une espèce de champ électrique, tandis que λ', μ', ν', ou plutôt $\frac{\lambda'}{B^3}$, $\frac{\mu'}{B^3}$, $\frac{\nu'}{B^3}$, est une espèce de champ magnétique.

3° Le postulat de relativité nous obligerait à adopter la solution (11) ou la solution (14) ou l'une quelconque des solutions qui s'en déduiraient à l'aide de la première remarque; mais la première question qui se pose est celle de savoir si elles sont compatibles avec les observations astronomiques; la divergence avec la loi de Newton est de l'ordre de ξ^2, c'est-à-dire 10 000 fois plus petite que si elle était de l'ordre de ξ, c'est-à-dire si la propagation se faisait avec la vitesse de la lumière, *ceteris non mutatis*; il est donc permis d'espérer qu'elle ne sera pas trop grande. Mais une discussion approfondie pourra seule nous l'apprendre.

H. Poincaré.

Paris, juillet 1905.

SUR

LA DYNAMIQUE DE L'ÉLECTRON

Extrait des *Comptes rendus des séances de l'Académie des Sciences*, t. CXL, p. 1504, séance du 5 juin 1905.

Il semble au premier abord que l'aberration de la lumière et les phénomènes optiques qui s'y rattachent vont nous fournir un moyen de déterminer le mouvement absolu de la Terre, ou plutôt son mouvement, non par rapport aux autres astres, mais par rapport à l'éther. Il n'en est rien; les expériences où l'on ne tient compte que de la première puissance de l'aberration ont d'abord échoué et l'on en a aisément découvert l'explication; mais Michelson, ayant imaginé une expérience où l'on pouvait mettre en évidence les termes dépendant du carré de l'aberration, ne fut pas plus heureux. Il semble que cette impossibilité de démontrer le mouvement absolu soit une loi générale de la nature.

Une explication a été proposée par Lorentz, qui a introduit l'hypothèse d'une contraction de tous les corps dans le sens du mouvement terrestre; cette contraction rendrait compte de l'expérience de Michelson et de toutes celles qui ont été réalisées jusqu'ici, mais elle laisserait la place à d'autres expériences plus délicates encore et plus faciles à concevoir qu'à exécuter, qui seraient de nature à mettre en évidence le mouvement absolu de la Terre. Mais, si l'on regarde l'impossibilité d'une pareille constatation comme hautement probable, il est permis de prévoir que ces expériences, si l'on parvient jamais à les réaliser, donneront encore un résultat négatif. Lorentz a cherché à compléter et à modifier son hypothèse de façon à la mettre en concordance avec le postulat de l'impossibilité *complète* de la détermination du mouvement absolu. C'est ce qu'il a réussi à faire dans son article intitulé *Electromagnetic phenomena in a system moving with any velocity smaller than that of light* (*Proceedings* de l'Académie d'Amsterdam, 27 mai 1904).

L'importance de la question m'a déterminé à la reprendre; les résultats que j'ai obtenus sont d'accord sur tous les points importants avec ceux de Lorentz; j'ai été seulement conduit à les modifier et à les compléter dans quelques points de détail.

Le point essentiel, établi par Lorentz, c'est que les équations du champ électromagnétique ne sont pas altérées par une certaine transformation (que j'appellerai du nom de *Lorentz*) et qui est de la forme suivante :

$$x' = kl(x + \varepsilon t), \qquad y' = ly, \qquad z' = lz, \qquad t' = kl(t + \varepsilon x), \tag{1}$$

x, y, z sont les coordonnées et t le temps avant la transformation, x', y', z', et t' après la transformation. D'ailleurs ε est une constante qui définit la transformation

$$k = \frac{1}{\sqrt{1 - \varepsilon^2}}$$

et l est une fonction quelconque de ε. On voit que dans cette transformation l'axe des x joue un rôle particulier, mais on peut évidemment construire une transformation où ce rôle serait joué par une droite quelconque passant par l'origine. L'ensemble de toutes ces transformations, joint à l'ensemble de toutes les rotations de l'espace, doit former un groupe; mais, pour qu'il en soit ainsi, il faut que $l = 1$; on est donc conduit à supposer $l = 1$ et c'est là une conséquence que Lorentz avait obtenue par une autre voie.

Soient ρ la densité électrique de l'électron, ξ, η, ζ sa vitesse avant la transformation; on aura pour les mêmes quantités ρ', ξ', η', ζ' après la transformation

$$\rho' = \frac{k}{l^3}\rho(1 + \varepsilon\xi), \qquad \rho'\xi' = \frac{k}{l^3}\rho(\xi + \varepsilon), \qquad \rho'\eta' = \frac{\rho\eta}{l^3}, \qquad \rho'\zeta' = \frac{\rho\zeta}{l^3}. \tag{2}$$

Ces formules diffèrent un peu de celles qui avaient été trouvées par Lorentz.

Soient maintenant X, Y, Z et X', Y', Z' les trois composantes de la force avant et après la transformation, *la force est rapportée à l'unité de volume ;* je trouve

$$X' = \frac{k}{l^5}(X + \varepsilon\Sigma X\xi), \qquad Y' = \frac{Y}{l^5}, \qquad Z' = \frac{Z}{l^5}. \tag{3}$$

Ces formules diffèrent également un peu de celles de Lorentz; le terme complémentaire en $\Sigma X \xi$ rappelle un résultat obtenu autrefois par M. Liénard.

Si nous désignons maintenant par X_1, Y_1, Z_1 et X'_1, Y'_1, Z'_1 les composantes de la force rapportée non plus à l'unité de volume, mais à l'unité de masse de l'électron, nous aurons

$$(4) \qquad X'_1 = \frac{k}{l^5}\frac{\rho}{\rho'}(X_1 + \varepsilon \Sigma X_1 \xi), \qquad Y'_1 = \frac{\rho}{\rho'}\frac{Y_1}{l^5}, \qquad Z'_1 = \frac{\rho}{\rho'}\frac{Z_1}{l^5}.$$

Lorentz est amené également à supposer que l'électron en mouvement prend la forme d'un ellipsoïde aplati; c'est également l'hypothèse faite par Langevin, seulement, tandis que Lorentz suppose que deux des axes de l'ellipsoïde demeurent constants, ce qui est en accord avec son hypothèse $l = 1$, Langevin suppose que c'est le volume qui reste constant. Les deux auteurs ont montré que ces deux hypothèses s'accordent avec les expériences de Kaufmann, aussi bien que l'hypothèse primitive d'Abraham (électron sphérique). L'hypothèse de Langevin aurait l'avantage de se suffire à elle-même, puisqu'il suffit de regarder l'électron comme déformable et incompressible pour expliquer qu'il prenne, quand il est en mouvement, la forme ellipsoïdale. Mais je montre, d'accord en cela avec Lorentz, qu'elle est incapable de s'accorder avec l'impossibilité d'une expérience montrant le mouvement absolu. Cela tient, ainsi que je l'ai dit, à ce que $l = 1$ est la seule hypothèse pour laquelle l'ensemble des transformations de Lorentz forme un groupe.

Mais avec l'hypothèse de Lorentz, l'accord entre les formules ne se fait pas tout seul; on l'obtient, et en même temps une explication possible de la contraction de l'électron, en supposant que *l'électron, déformable et compressible, est soumis à une sorte de pression constante extérieure dont le travail est proportionnel aux variations du volume.*

Je montre, par une application du principe de moindre action, que, dans ces conditions, la compensation est complète, si l'on suppose que l'inertie est un phénomène exclusivement électromagnétique, comme on l'admet généralement depuis l'expérience de Kaufmann, et qu'à part la pression constante dont je viens de parler et qui agit sur l'électron, toutes les forces sont d'origine électromagnétique. On a ainsi l'explication de l'impossibilité de montrer le mouvement absolu et de la contraction de tous les corps dans le sens du mouvement terrestre.

Mais ce n'est pas tout; Lorentz, dans l'Ouvrage cité, a jugé nécessaire de compléter son hypothèse en supposant que toutes les forces, quelle qu'en soit l'origine, soient affectées, par une translation, de la même manière que les forces électromagnétiques, et que, par conséquent, l'effet produit sur leurs composantes par la transformation de Lorentz est encore défini par les équations (4).

Il importait d'examiner cette hypothèse de plus près et en particulier de rechercher quelles modifications elle nous obligerait à apporter aux lois de la gravitation. C'est ce que j'ai cherché à déterminer; j'ai été d'abord conduit à supposer que la propagation de la gravitation n'est pas instantanée, mais se fait avec la vitesse de la lumière. Cela semble en contradiction avec un résultat obtenu par Laplace qui annonce que cette propagation est, sinon instantanée, du moins beaucoup plus rapide que celle de la lumière. Mais, en réalité, la question que s'était posée Laplace diffère considérablement de celle dont nous nous occupons ici. Pour Laplace, l'introduction d'une vitesse finie de propagation était la *seule* modification qu'il apportait à la loi de Newton. Ici, au contraire, cette modification est accompagnée de plusieurs autres; il est donc possible, et il arrive en effet, qu'il se produise entre elles une compensation partielle.

Quand nous parlerons donc de la position ou de la vitesse du corps attirant, il s'agira de cette position ou de cette vitesse à l'instant où l'*onde gravifique* est partie de ce corps; quand nous parlerons de la position ou de la vitesse du corps attiré, il s'agira de cette position ou de cette vitesse à l'instant où ce corps attiré a été atteint par l'onde gravifique émanée de l'autre corps; il est clair que le premier instant est antérieur au second.

Si donc x, y, z sont les projections sur les trois axes du vecteur qui joint les deux positions, si la vitesse du corps attiré est ξ, η, ζ, et celle du corps attirant ξ_1, η_1, ζ_1, les trois composantes de l'attraction (que je pourrai encore appeler X_1, Y_1, Z_1) seront des fonctions de $x, y, z, \xi, \eta, \zeta, \xi_1, \eta_1, \zeta_1$. Je me suis demandé s'il était possible de déterminer ces fonctions de telle façon qu'elles soient affectées par la transformation de Lorentz conformément aux équations (4) et que l'on retrouve la loi ordinaire de la gravitation, toutes les fois que les vitesses $\xi, \eta, \zeta, \xi_1, \eta_1, \zeta_1$ sont assez petites pour que l'on puisse en négliger les carrés devant le carré de la vitesse de la lumière.

La réponse doit être affirmative. On trouve que l'attraction corrigée se compose de deux forces, l'une parallèle au vecteur x, y, z, l'autre à la vitesse ξ_1, η_1, ζ_1.

La divergence avec la loi ordinaire de la gravitation est, comme je viens de le dire, de l'ordre de ξ^2; si l'on supposait seulement, comme l'a fait Laplace, que la vitesse de propagation est celle de la lumière, cette divergence serait de l'ordre de ξ, c'est-à-dire 10000 fois plus grande. Il n'est donc pas, à première vue, absurde de supposer que les observations astronomiques ne sont pas assez précises pour déceler une divergence aussi petite que celle que nous imaginons. Mais c'est ce qu'une discussion approfondie permettra seule de décider.

TABLE DES MATIÈRES.

FIN DE LA TABLE DES MATIÈRES.

69655-23 Paris. — Imp. GAUTHIER-VILLARS ET Cie, quai des Grands-Augustins, 55.

www.ingramcontent.com/pod-product-compliance
Ingram Content Group UK Ltd.
Pitfield, Milton Keynes, MK11 3LW, UK
UKHW020339180726
13839UKWH00002B/801

9 782329 296562